MANUEL
D'ARBORICULTURE

FRUITIÈRE

PAR

L'Abbé OUVRAY

Curé de St-Ouen près Vendôme

(Loir-et-Cher)

Professeur d'arboriculture au Grand-Séminaire de Blois.

— ✕ —

IMPRIMERIE OBERTHUR, RENNES

—

1890

MANUEL

D'ARBORICULTURE

FRUITIÈRE

MANUEL
D'ARBORICULTURE
FRUITIÈRE

PAR

L'Abbé OUVRAY

Curé de St-Ouen près Vendôme

(Loir-et-Cher)

Professeur d'arboriculture au Grand-Séminaire de Blois.

IMPRIMERIE OBERTHUR, RENNES

—

1890

AVANT-PROPOS

Il n'entrait pas dans mes idées de publier un ouvrage sur l'arboriculture, et je ne m'y serais jamais décidé sans la bienveillante insistance des élèves qui ont suivi mon cours au Grand-Séminaire de Blois, et celle d'un bon nombre de prêtres du diocèse, sans surtout les instances de notre évêque Mgr Laborde; du reste c'est sur son initiative et sur sa demande plusieurs fois réitérée, que j'ai commencé ces conférences que j'offre aujourd'hui au public.

Les ouvrages sur la question ne manquent pas; mais la plupart semblent plutôt faits pour les maîtres que pour les élèves, et il n'est guère possible de les bien comprendre sans avoir déjà des connaissances théoriques et pratiques sur la matière, aussi le livre que je publie est avant tout un manuel pratique, simple et élémentaire, fruit de beaucoup d'étude, et de plus de vingt ans d'expérience.

Je voudrais que mes lecteurs, qui ont, ou veulent avoir des arbres, puissent, mon livre à la main, les cultiver et les diriger sans le secours et les conseils des autres.

Mon but est surtout d'être utile au clergé. L'indifférence de nos populations nous laisse malheureusement bien des loisirs; Messieurs les Curés qui voudront bien s'occuper d'arboriculture y trouveront une étude pleine de charme et d'intérêt, une distraction agréable et une heureuse diversion aux tristesses du ministère; car les arbres sont des enfants qu'on élève, qu'on voit grandir et qu'on aime; ils deviennent des amis qui nous tiennent compagnie.

Enfin, et pourquoi ne le dirais-je pas? un jardin fruitier bien cultivé peut devenir, selon son importance, une source de produits et apporter au presbytère l'aisance, ou au moins de grandes satisfactions : de beaux et bons fruits font toujours plaisir.

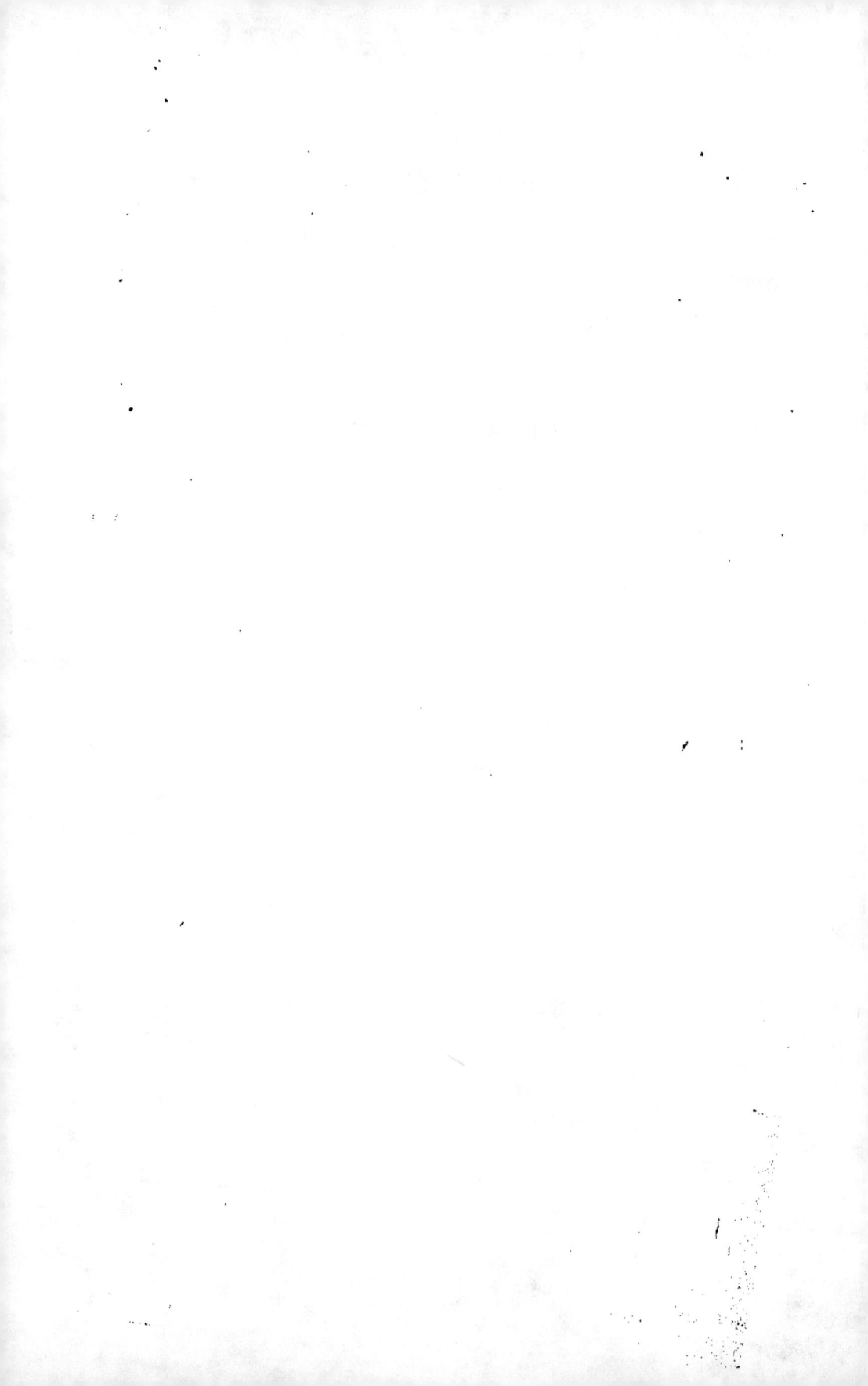

PREMIÈRE PARTIE

Études préliminaires sur les lois générales de la végétation et sur les analogies entre le règne animal et le règne végétal.

CHAPITRE I

LOIS GÉNÉRALES DE LA VÉGÉTATION.

Anatomie. — Si l'on se place en face d'un arbre coupé transversalement, on remarque au centre la *moelle*, autour de la moelle des zones concentriques; il s'en forme une chaque année, elles composent le corps ligneux, qui se divise en deux parties : le *bois parfait* et l'*aubier*. L'aubier est formé des couches ligneuses les plus récentes; dans la majeure partie des espèces il se convertit en bois parfait la cinquième ou sixième année.

1*

Au-dessus de l'aubier il y a l'écorce qui comprend le *liber*, les couches corticales, le tissu épidermoïde et l'épiderme.

Le liber est la partie la plus intérieure de l'écorce, celle qui recouvre l'aubier.

Le parties dures de l'arbre comme le bois parfait, s'appellent *tissus vasculaires*, et les parties molles, comme l'aubier et le liber, *tissus cellulaires;* en effet, elles ne sont qu'un composé de cellules, par lesquelles la sève monte et descend.

Les organes conservateurs des végétaux sont les *feuilles* et les *racines*.

Les feuilles sont les *poumons* des arbres, comme les bourgeons, les fruits et toutes les parties vertes, elles sont percées d'une foule de pores appelés *stomates* par lesquels les végétaux respirent, absorbent et exhalent alternativement les gaz et les fluides répandus dans l'air.

Les racines sont la *bouche* des arbres, elles sont terminées par une fine chevelure appelée *spongioles*, destinée à absorber l'eau du sol et les substances nutritives qu'elle contient.

La sève. — La sève, ce véritable sang des végétaux, est chez eux le principe de vie,

elle circule dans leurs vaisseaux avec au
moins autant d'activité que le sang circule
dans nos veines ; la sève est tout simple-
ment l'eau du sol, chargée de matières nutritives, il y entre abondamment de l'azote,
du carbone, des matières minérales, salines
et alcalines.

Au printemps, les spongioles prennent
vie, pour ainsi dire, la sève monte alors par
l'aubier et vient faire pression sur les boutons et bientôt l'arbre se couvre de feuilles,
la sève y pénètre par le canal du *pétiole*,
s'étend dans les nervures, des nervures dans
les cellules et en couvre bientôt tout le
disque ; alors sous l'action des rayons
solaires *seulement* s'accomplit une première
modification : l'eau surabondante s'évapore
et est versée dans l'atmosphère sous forme
de vapeur d'eau, les substances nutritives
restent accumulées dans les cellules ; ensuite
a lieu une seconde modification de la sève,
qui est l'accomplissement du phénomène le
plus admirable de la végétation : l'oxygène
de l'air absorbé par les feuilles vient s'unir
aux matières nutritives fournies par les
engrais et forme du gaz acide carbonique ;

ce gaz ne tarde pas à se décomposer dans les cellules des feuilles en oxygène qui est reversé dans l'air, et en carbone qui reste dans le végétal. C'est du reste ce qui se passe en nous. Le chyle élaboré dans l'intestin grêle ne devient du sang que lorsqu'il a été porté aux poumons, vivifié et transformé par l'air que nous respirons, mais avec cette différence que nous, nous gardons l'oxygène et exhalons le carbone; c'est ainsi que Dieu se sert des végétaux pour maintenir l'harmonieuse disposition de l'air.

On sait que la nuit les plantes exhalent le carbone et absorbent l'oxygène, il faut excepter les conifères qui dans les ténèbres continuent à exhaler l'oxygène en retenant l'acide carbonique dans leurs tissus; admirable action de la Providence qui n'a pas voulu exposer au danger d'une altération continuelle de l'atmosphère, les contrées septentrionales, qui ne sont peuplées que de sapins, et qui par ailleurs ont des nuits si prolongées.

La sève ainsi modifiée, sous l'action des rayons solaires, prend le nom de *cambium*. La nuit venue elle descend, par le liber, parcourt toutes les parties de l'arbre qu'elle nourrit, jusqu'à l'extrémité des racines qu'elle allonge; le lendemain elle recommence son mouvement ascendant, le soir son mouvement descendant. De la fin de juin environ à la mi-juillet, selon le temps, elle semble s'arrêter ou plutôt se ralentir pour reprendre ensuite son cours au mois d'août. C'est à ce moment que s'achève la formation des organes de l'arbre, on dit alors que le bois s'*aoûte*.

On s'est demandé s'il y avait un repos complet de la sève en hiver. Non, de même que le sang circule toujours dans nos veines sans jamais s'arrêter, même par les plus grands froids, de même la sève circule toujours dans les vaisseaux des arbres; évidemment elle est moins abondante en hiver, mais elle entretient la vie, elle fait plus, à l'aide du cambium de réserve, qui est resté dans les couches du liber, elle nourrit les yeux qui grossissent lentement et contribue aussi à l'allongement des spongioles; il est facile de constater ce phénomène en arrachant en mars un arbre planté en novembre, le nouveau chevelu qui s'est formé pendant l'hiver en est un témoignage convaincant, de là l'importance des plantations faites de bonne heure.

Pour compléter cette théorie de la sève, constatons de nouveau que la formation du cambium, qui a lieu dans les cellules des feuilles, ne peut s'opérer que sous l'*action des rayons solaires;* en conséquence, toutes les branches des arbres devront être assez espacées pour ne pas *porter d'ombre* sur leurs voisines; toute branche ou partie de branche, soustraite à l'action des rayons solaires, ne croîtra point et ne donnera pas de fruit.

Il ne faut pas oublier non plus que l'épiderme des fruits est couvert de stomates qui fonctionnent commes celles des feuilles avec cette différence que le cambium élaboré par les feuilles concourt à l'accroissement général et à ia fructification de l'arbre, tandis que celui élaboré par les fruits ne sert qu'à leur propre accroissement.

Les fruits remplissent donc les mêmes fonctions que les feuilles, ils absorbent le carbone et exhalent l'oxygène; mais quand la maturation commence, c'est le contraire qui a lieu : les fruits exhalent lentement tout leur acide carbonique, jusqu'à ce qu'ils soient mûrs.

Le phénomène de la maturation nous donne la clef de la conservation des fruits. Si vous les placez dans un endroit privé d'air et de lumière avec une température égale de 4 à 5 degrés, la maturité sera retardée par l'impossibilité de l'absorption de l'oxygène et la difficulté du dégagement de l'acide carbonique.

Les fruits qui dégagent lentement leur acide carbonique au fruitier, sont bien meilleurs que ceux qui mûrissent sur l'arbre; il faut donc avoir soin de les cueillir quelque temps avant leur maturité.

———

CHAPITRE II

ANALOGIES ENTRE LE RÈGNE ANIMAL

ET LE RÈGNE VÉGÉTAL.

Quand on étudie le règne animal, on remarque que Dieu a donné à chaque individu les organes propres à la reproduction de l'espèce; c'est de même pour les végétaux. Indépendamment des organes dont nous avons parlé, et qui servent au développement de la plante, il en est d'autres qui servent à sa reproduction : la *fleur* et le *fruit*, par la *fécondation* et la *germination*.

Fécondation des plantes. — Selon le langage poétique de Linné : La fleur est le lit nuptial des plantes. La fleur se compose du *calice*, de la *corolle*, des *étamines*, et du *pistil*.

Les étamines sont les *organes mâles*. Ce sont de petits filets, surmontés d'une poche nommée *anthère* qui contient le *pollen* ou poussière fécondante.

Le pistil ou *organe femelle* est placé au centre, c'est un filet terminé par une ou plusieurs ouvertures nommées *stigmates*, donnant accès par un petit tube, jusqu'aux loges de l'*ovaire*. Lorsque la fleur est épanouie et que le moment psychologique est arrivé, il se produit comme un frémissement dans toute la plante, les étamines ouvrent leurs anthères qui laissent échapper le pollen; la poussière fécondante se répand alors dans les stigmates entr'ouverts et descend féconder l'ovaire; une fois la fécondation accomplie, la fleur fane, la corolle et les organes sexuels tombent, l'ovaire seul grossit, et le fruit noué, comme l'on dit, commence son accroissement. Pour que ce phénomène s'accomplisse, il faut une température douce et un beau soleil; s'il gèle, ou si le temps est pluvieux, le pollen saisi par le froid ou mouillé ne descend pas; on dit alors que les fleurs ont *coulé*.

Les insectes, les abeilles surtout, sont de merveilleux agents de la fécondation : les espaliers, les vergers visités par elles sont toujours ceux qui sont les plus chargés de fruit, on peut même dire que là où il y a des abeilles, là il y aura des fruits, quand il n'y en aura pas ailleurs ; si le temps est couvert et que l'anthère ne s'ouvre pas, l'abeille l'ouvre, si le pollen est mouillé, l'abeille amène le contact avec les stigmates, contact qui n'aurait pas lieu sans elle. Dans les vues de la Providence la fleur et l'abeille sont coordonnées l'une à l'autre.

La Providence a traité les arbres fruitiers avec la plus grande générosité : ainsi un bouton ne donne pas une fleur, mais une couronne de fleurs, huit à dix en moyenne, j'en ai compté jusqu'à vingt-deux dans la *bergamote esperen*, chaque fleur a vingt et quelques étamines quand *une seule* suffit.

Les espèces à pépins ont généralement cinq pistils communiquant à un ovaire commun. Les espèces à noyau n'ont, il est vrai, qu'un pistil, mais en retour leurs branches sont de véritables guirlandes de fleurs.

Les palmiers, les dattiers, les pistachiers ne sont pas constitués comme les arbres de nos jardins, ils sont *mâles* ou *femelles* ; mais la Providence les traite non moins généreusement, il suffit qu'il y ait un mâle quelque part pour que la fécondation ait lieu, et cela malgré la distance.

Ainsi la science conserve religieusement l'histoire de deux palmiers nés en Italie. L'un croissait aux environs d'Otrante, c'était une femelle, tous les ans, il avait une floraison magnifique, mais restait stérile. Une belle année, à l'étonnement général, il se couvrit de fruits splendides ; on apprit quelque temps après qu'un autre palmier était né à Brindes, à quinze lieues de là, c'était un mâle ; depuis lors le palmier d'Otrante donna chaque année une abondante récolte, le pollen lui venait de Brindes, porté par les vents et poussé comme par une attraction sympathique et naturelle.

La connaissance des secrets de la nature et l'intelligence de tous ces détails mystérieux a bien vite donné à l'homme l'idée de la fécondation artificielle ; il la pratique actuellement sur une large échelle, et il obtient tous les jours en arboriculture, en floriculture, en agriculture et aussi en viticulture des variétés nouvelles et des graines de semence améliorée.

La chose est très facile ; on coupe les étamines de la fleur sur laquelle on veut faire une hybridation ; au moment opportun, par un beau soleil, on répand sur le pistil le pollen d'une autre variété, et si l'opération est bien faite, par une main habile, et si l'on a bien soin de protéger la fleur contre la visite des abeilles, elle réussit parfaitement.

Germination. — La fleur donne le fruit et le fruit contient la graine (pépin ou noyau) destinée à reproduire l'espèce par la germination.

La germination est l'allaitement végétal de l'*embryon* jusqu'à la chute des *cotylédons.* Vous déposez une graine en terre, sous l'influence de la chaleur et de l'humidité, elle germe et se sépare en deux, ces deux parties s'appellent cotylédons ; de l'embryon, c'est-à-dire du germe, part d'abord un *radicule* qui sera la racine et ensuite une *plumule* qui sera la tige et jusqu'à ce que la racine puisse nourrir la plante, les cotylédons seront ses *mamelles.*

L'homme est le premier agent de la germination, c'est lui qui sème les graines des
fleurs et des plantes ; mais la Providence
en a bien d'autres, elle a principalement
les oiseaux qui vont porter les pépins et les
noyaux de nos fruits dans les vergers et les
bois les plus éloignés ; elle a aussi les vents
qui emportent des plaines et des vallées des
graines de toutes sortes, qu'ils sèment sur
nos murs, nos églises et nos vieilles tours ;
elle a enfin pour les fruits les plus gros,
comme les cocos, les fleuves et les mers.
C'est ainsi qu'elle multiplie à l'infini les
végétaux et qu'elle fait, pour ainsi dire, un
échange de variétés avec les différentes contrées du monde.

*Trois autres points communs avec le règne
animal.* — Non seulement la plante vit et
s'accroît, non seulement elle produit son
fruit par la fécondation, et reproduit son
espèce par la germination, mais quand
on fouille les mystères de son existence,
on trouve encore d'autres analogies avec le
règne animal, comme la *sensibilité*, le *sommeil*, la *transpiration*.

Sensibilité des plantes. — Tous les savants

qui ont traité cette question professent que les végétaux jouissent d'une vie aussi active que les animaux et qu'ils possèdent, sinon un système nerveux, du moins des vestiges positifs de sensibilité et de contractibilité.

Le célèbre anatomiste Bichat l'admet sans hésitation, dans son magnifique ouvrage sur la vie et la mort. Il y a, en effet, une foule d'expériences à l'appui de ce sentiment : ainsi l'électricité foudroie les plantes, les narcotiques les paralysent, l'acide prussique produit sur elles un effet aussi instantané que sur les animaux.

Ce phénomène est surtout remarquable dans la *sensitive*; impressionnable, comme si elle était douée d'un système nerveux, elle se replie sur elle-même au plus léger contact, au moindre souffle.

Cette sensibilité ne se fait pas remarquer dans les arbres fruitiers. Coupez, taillez, martyrisez-les, rien ne trahit la souffrance; oui, mais bien qu'elle ne soit pas visible, elle n'en est pas moins réelle, et il est prouvé, comme nous le verrons, qu'il meurt plus d'arbres par suite de tailles brutales et de mauvais traitements que par suite d'intempéries ou d'accidents de saisons. Un mauvais jardinier est le plus pire ennemi des arbres.

Sommeil des plantes. — Exténuées par la fatigue du jour, beaucoup de plantes prennent vers la fin de la journée une attitude particulière, qu'elles conservent toute la nuit : c'est leur sommeil.

Ce curieux phénomène a été découvert par Linné, célèbre botaniste suédois qui mourut en 1778.

Un matin il admirait dans une des serres d'Upsal un pied-d'oiseau tout en fleurs; ayant eu l'occasion de retourner le soir dans cette même serre il remarqua que son pied-d'oiseau n'avait plus le même aspect, il était tout recoquillé en lui-même, il avait resserré ses folioles et semblait dormir. Frappé de ce fait, il se mit à parcourir ses serres et ses jardins un flambeau à la main et il put se rendre compte du même phénomène dans beaucoup d'autres plantes.

On l'attribua d'abord à la variation de température diurne et nocturne, mais de Candolle prouva par des expériences convaincantes, qu'il était dû à l'absence de la lumière.

Ce phénomène est surtout sensible dans la famille des légumineuses. Examinez le soir un champ de trèfles et vous serez frappé d'un curieux spectacle : deux feuilles viennent s'appliquer l'une contre l'autre et la troisième les recouvre comme d'un petit chapeau protecteur.

Le soir l'acacia a aussi une attitude remarquable, ses grappes, ses feuilles s'affaiblissent comme accablées par le poids de la fatigue.

Les feuilles des arbres fruitiers ne traduisent rien, elles sont les mêmes le jour et la nuit. Cependant ma conviction est qu'ils obéissent à la loi qui régit tous les êtres vivants, et qu'il doit y avoir trois ou quatre heures de repos complet entre la sève descendante qui finit son parcours et la sève ascendante qui reprend le sien, de onze heures du soir à trois ou quatre heures du matin, selon l'époque de l'année ; je n'affirme pas la chose, je la donne comme mon opinion personnelle.

Transpiration des plantes. — Les feuilles,

comme nous l'avons vu, exhalent par leurs stomates la surabondance d'eau de la sève. Cette exhalation peut être comparée à la transpiration des animaux.

Cette transpiration explique pourquoi l'atmosphère est toujours plus humide et les pluies plus fréquentes dans le voisinage des forêts.

Dans les forêts marécageuses de l'Afrique septentrionale, il y a une plante nommée *sarracénie* qui pendant la nuit contourne sa large feuille en forme de coupe, que le matin le voyageur trouve remplie d'une eau pure et limpide d'autant plus délicieuse qu'il n'y a dans ces parages que de l'eau nauséabonde de marais.

Physiologie végétale. — Les végétaux ont non seulement une *naissance*, mais une *enfance*, une *jeunesse*, un *âge mûr*, une *vieillesse* terminée par la *mort*. Toutes ces différentes phases de leur existence sont parfaitement caractérisées par une végétation emportée ou calme, pleine de vigueur ou de faiblesse, selon l'âge ; dans les premières années, ils n'offrent aucune résistance, on leur donne la forme que l'on

2

veut; mais bientôt vous sentez l'indépendance, malgré la taille et le pincement, ils vous donnent du bois et toujours du bois, mais pas de fruit; ce sont les passions et le feu de la jeunesse. Vers six à sept ans ils se calment et commencent à vous donner quelques fruits, et bientôt chaque année ils se couvrent d'une abondante récolte, c'est l'âge mûr, et cela dure quinze, vingt ans et plus, selon les terrains et les soins du jardinier; puis la fructification diminue, il y a quelques feuilles jaunes par ci par là, les pousses sont moins vigoureuses, la sève circule plus lentement dans les vaisseaux durcis et obstrués, quelques branches manquent à l'appel, c'est la vieillesse avec ses infirmités. Vienne une sécheresse prolongée, ou un hiver rigoureux, comme celui de 1879, et alors ils périssent, ou frappés mortellement, ils ne font plus que végéter, jusqu'au jour où le jardinier les arrache pour les remplacer par d'autres. De plus leur vie est comme la nôtre, une lutte continuelle, non seulement contre les intempéries des saisons, mais contre des ennemis de toutes sortes qui obligent le jardinier à une surveillance incessante, et contre des maladies de tous genres qui s'attaquent à tous leurs organes, depuis les feuilles jusqu'aux racines.

Le jardinier doit donc être non pas seulement un *maître* qui connaît son art, mais un *surveillant* qui a toujours l'œil ouvert et un *médecin*, et encore dans bien des circonstances il devra reconnaître qu'il n'est rien, car si c'est lui qui sème et qui plante, c'est Dieu qui arrose et bénit.

CHAPITRE III

DES AGENTS NATURELS ET ARTIFICIELS

DE LA VÉGÉTATION.

———

L'arboriculteur, digne de ce nom, ne doit pas seulement connaître la physiologie végétale, mais aussi toutes les causes susceptibles de déterminer à la fois une bonne nutrition, un accroissement rapide et une fructification abondante.

La nature est inégale et bizarre dans ses dons, c'est à l'homme de remédier à ses caprices, par l'étude, le travail et l'observation; il doit mettre en pratique cet axiome : *Aide-toi et le Ciel t'aidera.* Et tout en profitant des agents naturels de la végétation, il doit souvent avoir recours aux agents artificiels.

Les agents naturels de la végétation sont le *sol,* l'*eau,* l'*air,* la *lumière* et la *chaleur.*

Il y a parmi les sols trois catégories principales : les sols *argileux*, *calcaires* et *siliceux*, selon que l'élément qui y domine est l'argile, la chaux ou la silice (le sable). Le cadre de cet ouvrage ne me permet pas d'entrer dans de grands développements sur cette question ; disons seulement que les sols argileux sont ceux où les arbres réussissent le mieux, quand ils sont bien défoncés, drainés, amendés et allégis par les plâtras, la chaux dissoute, et les cendres des forges et des usines.

On appelle *humus*, tous les terreaux provenant de la décomposition des végétaux et des matières animales ; ils sont pleins d'azote et d'acide carbonique, c'est la cause première de la fertilité du sol.

On appelle *sous-sol* la couche de terre placée sous la couche arable, sa composition variée exerce une très grande influence sur les cultures en général et sur les arbres en particulier, comme nous le verrons.

L'*eau* est indispensable à l'existence des plantes, sans l'eau puisée dans le sol par les spongioles des racines ou absorbée par les stomates des feuilles, il n'y a pas pour elles de vie possible.

L'*air* est aussi nécessaire à leur existence qu'à la nôtre. Sans air il n'y a pas de germination et les racines pourrissent quand elles sont soustraites à son action : de là la nécessité de ne pas planter les arbres profondément.

Sans la *lumière* les arbres sont infertiles. Nous avons vu plus haut que c'était sous l'action des rayons solaires *seulement* que s'accomplissait la première modification de la sève, c'est-à-dire l'évaporation surabondante de l'eau répandue sur les feuilles; de plus, sans la lumière, l'acide carbonique que contient leurs cellules ne peut être décomposé. Aussi les arbres dans les jardins fouillis et ombragés, ne poussent que des rameaux longs et grêles, et donnent peu de fleurs, généralement infécondes. C'est aussi à la lumière que l'on doit la *saveur* des fruits, leur *coloration* et *beau vert* des feuilles.

La *chaleur* est un des principaux agents de la vie végétale; comme la lumière, elle active l'évaporation, stimule l'énergie des plantes, et quand elle est combinée avec une humidité suffisante elle donne au jardin la vie et la fécondité.

Le jardinier doit redouter les inconvénients d'une trop grande chaleur, comme ceux d'un froid excessif; qu'il sache bien que la sève, l'été, apporte dans le corps de l'arbre la température fraîche du sol ; s'il a soin, le soir, d'asperger les feuilles de ses arbres en espalier surtout, et d'en couvrir le pied d'un léger paillis; il n'aura rien à redouter de la trop grande chaleur. L'hiver, quand le thermomètre descend très bas, qu'il mette du fumier en couverture sur ses plates-bandes : la sève portera dans le corps de l'arbre la température du sol, plus élevée que celle de l'atmosphère, et il n'aura pas de grands inconvénients et d'accidents à déplorer.

Les agents artificiels de la végétation sont les *engrais*, les *fumiers*, les *labours*, les *binages*, les *paillis*, les *arrosements* et les *aspersions*.

Les engrais sont à l'horticulteur ce que l'argent est au négociant, il n'en a jamais de trop.

Quels sont les engrais qui conviennent aux arbres fruitiers? Les fumiers d'abord, mais les fumiers consommés, jamais frais, leur fermentation communiquerait le *blanc* aux racines.

Les composts formés avec les détritus du jardin, sont parfaits pour les arbres et en général tous les engrais à décomposition lente, dont l'effet se prolonge davantage. Mais la clef de la végétation est l'*engrais liquide*, que les arbres s'assimilent immédiatement. Lorsque par suite de la sécheresse, l'arbre souffre et les fruits tombent, un arrosement à l'engrais liquide suffit pour lui rendre la vie, il est aussi d'un effet merveilleux pour faire pousser les arbres d'une vigueur moyenne ou souffreteux. Les purins, les eaux de la chambre, de la cuisine, eaux de savon, eaux grasses étendues de cinq à six parties d'eau, font un engrais liquide parfait.

Il faut toujours avoir soin d'avoir, dans un coin quelconque, un tonneau ou un bassin rempli d'eau où fermentent les curures du poulailler, du pigeonnier, et autres matières du même genre, que l'on vide et remplit à volonté pour les divers besoins du jardin fruitier.

Quand et comment faut-il fumer les arbres? Les fumures d'hiver sont les meilleures. Une fumure moyenne chaque année

est bien préférable à une fumure abondante
tous les deux ou trois ans; elle apporte toujours une perturbation dans la végétation ;
s'il y a beaucoup de fruit, il y a peu de
mal, mais s'il n'y a en pas, et que l'année
soit humide, il se développe une quantité
considérable de gourmands difficiles à maî-
triser, et les boutons ne se mettent pas à
fruit.

Il ne faut jamais fumer au collet des arbres,
ce n'est pas là que sont les spongioles,
mais à une distance de 50 centimètres au
moins, tout autour.

Enfin il y a des gens qui prétendent qu'il
ne faut pas fumer les arbres, que les fruits
sont meilleurs. C'est une erreur et un préjugé contraire à la physiologie végétale. Si
l'eau du sol qui monte aux branches des
arbres n'est pas saturée de matières nutritives, les fruits n'étant pas nourris seront
médiocres, sans goût ni *qualité*.

Les autres agents artificiels de la végétation sont les labours, les binages, etc.

Un bon *labour* vaut une *fumure* et il sera
toujours vrai de dire : *Tant vaut l'homme,
tant vaut la terre.* La raison en est bien

2*

simple. Il y a dans l'air une foule de gaz qui se combinent avec le sol; plus vous remuez la terre et plus vous multipliez ses points de contact avec les agents atmosphériques, plus vous la saturez de principes fécondants; elle absorbe alors abondamment l'azote, le carbone, l'oxygène et les gaz ammoniacaux répandus dans l'air.

Nous oublions trop que le sol est un *véritable laboratoire* où s'opère une foule de *réactions chimiques*, à la condition qu'il soit perméable à l'air, à la lumière et aux rayons calorifiques.

Quand les plates-bandes sont parfaitement tenues en guéret, les arbres ne souffrent pas de la sécheresse; si on y ajoute des paillis et surtout des aspersions sur les feuilles le soir, on peut défier les plus grandes chaleurs.

Aussi, sur ce rapport, je ne crains pas de dire que la seule économie que je connaisse est de ne pas en faire.

DEUXIÈME PARTIE

Culture des arbres fruitiers.

CHAPITRE I

DES GREFFES.

Le principe de la greffe repose sur le *rapprochement* et la *coïncidence* des vaisseaux séveux du sujet, l'aubier et le liber, avec ceux de la greffe ; mais pour que la reprise soit assurée et durable il faut qu'il y ait entre le sujet et la greffe une analogie suffisante. Ainsi, par exemple, une tige de pommier greffée sur un poirier prendra, mais ne prospérera pas.

Mon intention n'est pas de décrire ici toutes les espèces de greffes connues. Je ne mentionnerai que les plus faciles à faire et les plus employées dans les cultures.

Les trois principales sortes de greffes sont :

La greffe *en fente par rameau* ;

La greffe *par œil* ou *écusson* ;

La greffe *par approche*.

Greffe en fente. — La greffe en fente la plus ancienne et la plus en usage chez les gens de la campagne est la greffe *atticus*, elle consiste à décapiter le sujet, à le fendre par le milieu et à placer un ou deux rameaux dans cette fente (fig. 1). Elle réussit très bien, mais elle a des inconvénients, l'air y pénètre, l'eau y séjourne.

La greffe *bertemboise* est préférable, au lieu de couper le sujet horizontalement on le coupe en biseau (fig. 2, 3). Cette coupe a l'avantage de concentrer l'action de la sève sur un seul point, le haut du biseau où se trouve la greffe et de donner un écoulement plus facile à l'eau ; mais la meilleure de toutes est la greffe en *couronne du Breuil*, Elle ne désorganise pas le sujet et n'engendre aucune maladie, on ne le fend pas mais on insère la greffe sous l'écorce. Si le sujet est petit, et qu'on veuille y mettre une greffe seulement, on le coupe en biseau comme pour la greffe bertemboise (fig. 4, 5 et 6), s'il est gros, on le coupe horizontalement et on y met le nombre de greffes que l'on veut (fig. 7).

La greffe en *fente anglaise* est d'un grand secours dans le jardin fruitier, pour greffer des prolongements et raccommoder les branches cassées; il faut que le sujet et la greffe soient à peu près de la même grosseur; tous les deux se taillent en biseau allongé en sens inverse, on les fend et on entremêle, l'une dans l'autre, les deux esquilles, on lie et l'on mastique (fig. 8 et 9).

Greffe par œil ou écusson. — Elle consiste à enlever vers le mois d'août, avec la lame d'un greffoir un œil de la variété que l'on veut greffer; on fait ensuite une incision en T sur le sujet, on soulève les écorces avec la spatule du greffoir et on glisse l'écusson dessous (fig. 10 et 11).

Greffe par approche. — Cette greffe consiste dans le rapprochement de deux rameaux ou branches dont les feuillets du liber incisés et entaillés sont mis en contact à l'aide d'une ligature qui empêche leur déjonction (fig. 12).

Elle rend les plus grands services, pour mettre une branche absente à un arbre (fig. 13), ou pour garnir une branche de pêcher dénudée (fig. 14). On s'en sert aussi pour souder ensemble les branches des pommiers, des poiriers en cordons (fig. 15).

Conditions de succès. — Les trois conditions de succès sont :

La *manière* de les faire, le *choix* des greffes et l'*époque* selon les espèces.

Pour la greffe par rameau, ayant coupé ou scié le sujet s'il est très gros, on refait la plaie avec soin, avec une lame bien aiguisée, on fend le sujet par le milieu en ménageant la moelle, on insère dans la fente un coin en ivoire ou en bois très dur, et l'on place ses greffes de manière à ce que le liber et l'aubier coïncident parfaitement. La greffe est taillée en biseau avec un instrument bien tranchant, on peut faire, si l'on veut, un petit cran à droite et à gauche pour mieux l'assujettir. Si le sujet est petit on serre fortement avec un osier fendu, et on couvre le tout avec du mastic à greffer ou avec de la terre glaise mélangée de mousse, après avoir délicatement retiré le coin.

La greffe en couronne se fait différemment. Le rameau est taillé non plus en biseau, mais en *flûte* avec un cran (fig. 6). On incise et on ouvre l'écorce (fig. 5) pour placer plus facilement la greffe dont la coupe intérieure est mise en contact avec l'aubier du sujet, on lie avec de l'osier ou du raphia et on couvre le tout de mastic à greffer.

Pour réussir la greffe en approche, il suffit d'entamer la moitié du liber des deux sujets et de bien les serrer l'un contre l'autre (fig. 12).

La greffe en écusson se fait comme nous l'avons dit plus haut. La seule difficulté consiste à lever délicatement l'œil avec une lame de greffoir parfaitement aiguisée ; inutile d'ôter le peu de bois qui reste, on s'exposerait à déchirer et à enlever l'amande en même temps.

Une fois l'écusson glissé délicatement sous l'écorce, on lie avec de la laine, du coton ou du raphia, en prenant soin de serrer un peu autour de l'œil.

La tige est laissée intacte ; si l'écusson réussit, on la coupe au mois de mars à 10 centimètres au-dessus. S'il naît quelques petits bourgeons sur ce chicot, on les laisse pour appeler la sève dans la greffe, et dès que celle-ci commence à bien pousser, on les supprime. On attache la tige de la greffe avec un jonc au chicot qui sera coupé au mois d'août rez de la greffe.

Choix des greffons. — Le choix des greffons a une importance capitale, il faut si l'on veut réussir, avoir bien soin de choisir une pousse de l'année, qui a reçu l'air et la lumière, c'est-à-dire qu'il faut la prendre sur le haut de l'arbre et jamais dessous, on la coupe fin de décembre ou courant de janvier, on la pique en terre au nord, ou bien on l'enterre complètement, afin qu'il n'y ait pas en elle de végétation au moment du greffage.

Pour la greffe en écusson, il faut aussi choisir un rameau qui ait reçu l'air et la lumière, et ne prendre que les yeux du milieu parfaitement formés.

Époque des greffes. — L'époque a une aussi grande importance que le choix des greffes. Il faut avant tout tenir compte de l'état de la végétation. La sève étant plus hâtive chez les espèces à noyau, comme le prunier et le cerisier, on les greffe par rameau, fin de février, avec des tiges coupées fin de décembre ou janvier, et encore on en manque beaucoup. Dans les grandes pépinières aux environs de Paris on fait ces greffes dans la seconde moitié de septembre avec un succès presque assuré. Pour les espèces à pépins, on les fait courant de mars, le poirier d'abord et le pommier ensuite, il faut plutôt attendre que trop se hâter.

Les écussons des espèces à noyau se font courant de juillet, et même plus tôt si l'on a affaire à de vieux sujets ; ceux des espèces à pépins se font courant d'août, plutôt dans la seconde partie que dans la première.

L'amandier et le Sainte-Lucie ayant une sève plus abondante et plus tardive se greffent en septembre.

Ces époques ne sont point absolues, il faudra les avancer ou les reculer selon les années sèches ou pluvieuses.

La greffe en couronne se fait du 20 mars au 20 avril, parce qu'il est indispensable que le sujet soit en sève, pour que l'écorce puisse facilement se détacher de l'aubier.

La greffe par approche se fait en juin et juillet.

Principaux sujets
sur lesquels se greffent les arbres fruitiers :

Le poirier se greffe : Sur sujet franc venu de semis, sur cognassier et même aubépine.

Le pommier se greffe : Sur franc, sur doucin, sur paradis.

Le cognassier se greffe : Sur lui-même, sur aubépine.

Le prunier se greffe : Sur lui-même, sur amandier.

Le cerisier se greffe : Sur merisier, sur Sainte-Lucie.

L'amandier se greffe : Sur lui-même, sur prunier.

Le pêcher se greffe : Sur lui même, sur prunier, sur amandier.

L'abricotier se greffe comme le pêcher.

La vigne se greffe : Sur elle-même et les différents plants américains.

———

CHAPITRE II

DU CHOIX DES ARBRES ET DE LA PLANTATION.

Il faut choisir des arbres sains et bien portants, on les reconnaît à la vigueur de la tige, aux écorces vives et lisses.

En principe il ne faut jamais planter que des greffes d'un an, quelle que soit la forme qu'on veut leur donner. Plus un arbre est jeune, plus l'arrachage est facile, et il ne souffre pour ainsi dire pas de la déplantation et sa reprise est assurée.

Après le choix des arbres, le second élément de succès est la préparation du sol avant la plantation.

Si vous voulez planter une plate-bande d'arbres fruitiers en quenouilles ou en palmettes, faites-la défoncer à 80 centimètres au moins de profondeur sur un mètre de large, de bonne heure, au mois de septembre, afin que la terre ait le temps de se tasser.

Si vos arbres doivent être à une certaine distance, comme dans un verger, par exemple, faites faire des trous de 1ᵐ25 carrés au moins sur 80 cent. à 1 mètre de profondeur, n'ayez jamais peur d'excéder, c'est de l'argent bien placé. Faites combler les trous à mesure, à moins que la terre ne soit forte, neuve et argileuse; dans ce cas il y a avantage à la laisser mûrir et subir la gelée sur les bords du trou; vous planterez alors plus tard, fin de décembre ou janvier, et vous tiendrez compte du tassement du sol, soit de 8 à 10 centimètres.

Si vous avez des gazons, des débris de pelouses, de végétaux, des terreaux, du fumier a demi consommé, mettez tout cela au fond de vos trous, les racines sauront bien les trouver.

Le troisième élément de succès, c'est la plantation, de bonne heure, en novembre.

Enfin la plantation du sujet est une opération de la plus grande importance, qui demande les plus grands soins. Elle comprend trois opérations : l'*habillage*, la *mise en terre* et la *taille*.

L'habillage consiste à couper l'extrémité

des racines meurtries ou brisées à l'arrachage. La section doit être faite en biseau
en dessous en non au-dessus, afin que la
coupe repose à plat sur le sol, pour que la
plaie se cicatrise promptement.

Il faut aussi avec la serpette rafraîchir les
radicelles et le chevelu dans le cas seulement où les extrémités sont déchirées ou
desséchées.

La mise en terre doit se faire par un beau
temps, jamais par la pluie; elle demande
beaucoup de soins. La première précaution
à prendre est de ne pas enterrer l'arbre trop
profondément, beaucoup meurent ou vé-
gètent à cause de cela; les racines privées
d'air pourrissent. La profondeur varie suivant la nature du sol : dans les terrains
légers, perméables à l'air et qui se des-
sèchent facilement, il y a avantage à planter
un peu plus profond; dans les terrains
froids, argileux, il faut planter presque à
fleur de terre, de 5 à 10 centimètres; en tous
cas il ne faut jamais enterrer la *greffe*.

Si le sujet a plusieurs étages de racines,
on met en place, on étale bien avec la main
chaque racine de ce premier étage qu'on

recouvre de terre fine et légère, on en fait autant pour celles du second étage. Il y en a qui secouent et remontent l'arbre pendant qu'on jette la terre pour mieux la faire pénétrer dans les racines, c'est une grande faute, c'est un moyen de ramasser les racines et les radicelles en paquets. C'est une faute aussi de presser la terre avec le pied, on s'expose à meurtrir les racines et à plomber le terrain, si surtout la terre est argileuse.

On plante généralement les arbres trop près les uns des autres. Dans le jardin fruitier il faut mettre entre eux un intervalle de 3 à 5 mètres selon les formes et l'étendue qu'on veut leur donner.

Dans les vergers la distance doit être de de 10 à 12 mètres.

Il faut bien se garder de mettre les racines en contact avec les engrais surtout ceux qui ne sont pas consommés; on les couvre d'abord de quelques centimètres de terre, et on met l'engrais par-dessus, mais jamais au collet de l'arbre comme nous l'avons dit plus haut.

Taille de plantation. — Tailler l'arbre, ce serait le rabattre à 30 ou 40 centimètres, il ne faut jamais le faire, c'est une opération dangereuse et généralement condamnée. La taille de la plantation consiste dans la suppression du quart ou du cinquième de la tige, selon l'état des racines de manière à établir une espèce d'équilibre entre elles et les branches de la tête de l'arbre.

La première année de la plantation il sera bon et même nécessaire de pailler les arbres et de les arroser si l'année est sèche, afin d'assurer leur reprise.

Enfin la place des arbres dans le jardin fruitier n'est pas indifférente. Si votre jardin est parfaitement aéré et reçoit le soleil de partout, plantez où vous voudrez, j'excepte cependant le *doyenné d'hiver*, le *Saint-Germain*, le *beurré gris*, le *bon chrétien d'hiver* et aussi le *Saint-Michel* et le *beurré d'Aremberg* qui ne réussissent qu'en espa_ lier, le long des murs.

Au nord, j'ai essayé bien des espèces, deux seulement m'ont donné d'excellents résultats : la *figue d'Alençon* et la *Louise bonne d'Avranches*.

Une dernière observation qui a une très grande importance : la plupart des jardins sont plantés d'arbres depuis des années et des années; si vous voulez les renouveler ou mettre un poirier ou un pommier à la place d'un autre, il faut avoir bien soin de changer le sol et de remplacer la terre usée des plates-bandes par la terre neuve des carrés du jardin. Ceci est d'une absolue nécessité pour les espèces à noyau et principalement pour le pêcher.

Faut-il planter sur *franc* ou sur *cognassier*?

C'est encore une question très importante, pour la solution de laquelle il faut tenir compte du sol, de l'espèce, et de la forme de l'arbre.

Le franc est l'arbre des grandes formes et des vergers, l'arboriculture ancienne et moderne sont d'accord sur ce point. Le franc étant très vigoureux de sa nature, est l'arbre des terrains légers, peu fertiles, ou de qualité moyenne; comme il pivote et ne trace pas, c'est aussi l'arbre des terrains profonds. Mais si vous avez un sol argileux, de bonne qualité, plantez sur cognassier, vous aurez des fruits bien plus tôt, plus beaux, et de meilleure qualité. Si le *sous-sol* est pierreux et mauvais, plantez encore sur cognassier après avoir défoncé le terrain en profondeur et surtout en largeur et l'avoir bien fumé, pour que les racines du cognassier qui *tracent* et ne pivotent pas, y trouvent une nourriture abondante.

Quand je donnerai à la fin de cet ouvrage la liste des espèces et variétés à cultiver, j'indiquerai en regard le sujet qui leur convient le mieux : franc ou cognassier.

3

CHAPITRE III

DES FORMES A DONNER AUX ARBRES.

C'est une erreur de dire en arboriculture :
Toutes les formes sont bonnes.

Les *bonnes* formes sont celles qui res-
pectent les lois naturelles de la végétation
et assurent à toutes les branches l'air et
la lumière, agents indispensables de la fructification.

Les *meilleures* sont celles qui sont faciles
à donner aux arbres et à conduire; qui
permettent d'abriter les fleurs contre les
gelées du printemps et de protéger les
fruits contre la violence des vents, ce
sont celles-là qu'il faut adopter de préférence et avec des connaissances et de
la pratique on peut en tirer d'excellents
résultats.

Il y a trois classes de formes, les *grandes*, les *moyennes* et les *petites*.

Les grandes formes, sont celles de l'arboriculture ancienne, l'arboriculture moderne les a adoptées, perfectionnées, et y a ajouté les formes moyennes et les petites formes.

Les grandes formes de l'école ancienne sont la quenouille ou pyramide (fig. 16), la palmette Verrier (fig. 17), la palmette simple (fig. 18), la palmette double (fig. 19), le candélabre (fig. 20), l'éventail (fig. 21), la palmette à branches obliques en éventail (fig. 22).

Il y a quatre hommes qui ont fait faire à l'arboriculture moderne un progrès considérable et dont les noms font autorité : M. Hardy, directeur du jardin potager de Versailles et du Luxembourg, M. du Breuil, directeur du jardin de la ville de Paris, à Vincennes, M. Gressent qui a créé un jardin école à Sannois (Seine-et-Oise), et M. Alexis Lepère qui a fait un magnifique ouvrage sur la culture du pêcher à Montreuil.

M. Hardy a créé à Versailles de splendides contre-espaliers, sur lesquels s'étalent

à côté des formes anciennes perfectionnées,
les formes nouvelles qui font le plus bel
effet : des U simples (fig. 23), des U
doubles (fig. 25), des palmette en U à
trois branches (fig. 24), des palmettes à cinq
branches verticales (fig. 26).

M. du Breuil est l'inventeur des plantations rapprochées; nous lui devons les
cordons verticaux (fig. 27), les cordons
obliques (fig. 28) et les cordons horizontaux
à un ou plusieurs étages (fig. 29).

L'arboriculture n'est pas seulement une
science, elle est aussi un art qui touche
à la peinture et à l'architecture, et quelques-
unes de ces formes, quand elles sont bien
réussies, sont de véritables tableaux qui
charment les yeux et témoignent de l'intelligence et du savoir-faire du maître.

TAILLE DES ARBRES

La taille a un double but : La formation de l'arbre et la mise à fruit des rameaux latéraux disséminés sur les branches charpentières.

CHAPITRE IV

FORMATION DE L'ARBRE.

Il y a des principes généraux qui sont communs à toutes les formes dont ils sont, pour ainsi dire, la clef et qui sont d'une application continuelle; il importe donc de bien les connaître.

Premier principe : La sève étant essentiellement *ascendante* se portera davantage dans les branches verticales que dans les branches obliques et surtout horizontales, de là une taille différente pour chacune de ces lignes. Règle générale : La branche verticale sera taillée à *moitié* de sa longueur, la branche oblique au *tiers*, la branche horizontale au *quart* et même au *cinquième*.

Si donc l'on veut favoriser une branche on lui donnera la ligne oblique ou verticale selon les besoins de la charpente.

D'après ce principe, il faut que les premières branches, dans toutes les formes, soient à peu près aux *deux tiers* formées, avant de tirer les *deuxièmes*, sinon les deuxièmes tueraient les premières.

D'après ce principe encore, comme nous le verrons tout à l'heure, pour former plus vite les branches d'une palmette, par exemple, on la tient d'abord dans la position moitié oblique, moitié verticale, et on les abaisse successivement.

Deuxième principe : L'équilibre est la loi fondamentale de la végétation et de la fructification, il faut donc l'obtenir à tout prix; les moyens ne manquent pas. Au lieu de raccourcir une branche trop longue et plus vigoureuse que celle qui lui fait parallèle, on l'abaisse horizontalement en D et on relève l'autre presque verticalement en C (fig. 30).

Dans le cours de la végétation òn pince l'une et pas l'autre, on lie sévèrement la plus forte et on laisse la plus faible libre, ou bien òn laisse tous les fruits qui se trouvent sur la plus forte et on n'en garde pas sur l'autre. Enfin on a la précieuse ressource de faire, avec une égohine (petite scie à main) une entaille profonde en forme de V renversé *au dessous* de la branche trop forte B, pour empêcher la sève d'y monter, et une autre *au-dessus* de la branche faible C, pour qu'elle y reste (fig. 31).

Troisième principe : L'air et la lumière étant aussi les agents principaux de la végétation et de la fructification, il faudra mettre entre les branches une distance de 30 à 35 centimètres.

Les contre-espaliers ont mes préférences, justement parce qu'ils sont aérés et éclairés de tous les côtés.

Ces principes vont nous permettre d'établir sans difficulté les formes anciennes et nouvelles.

Prenons la quenouille. Nous avons planté notre greffe d'un an. La première année, nous avons seulement équilibré la tête avec les racines ; la deuxième année, nous rabattons notre arbre au mois de mars, à 40 centimètres au moins, afin que nos branches ne touchent pas la terre. Le long de la tige nous choisissons quatre ou cinq yeux en rond, le plus possible, destinés à donner naissance aux branches du premier étage ou de la première couronne, et au haut un œil terminal pour la tige de prolongement du milieu. Nous aurons la première année une pousse de 50 centimètres à 1 mètre. La seconde année nous appliquerons la taille selon les règles du premier principe. Il faut de deux à trois ans pour la formation de la première couronne.

On procède de la même manière à la formation de la seconde, ayant bien soin de laisser entre les deux une distance de 35 à 40 centimètres, afin qu'il n'y ait pas de confusion.

Quant l'arbre a quatre ou cinq couronnes, on s'arrête et on obtient ainsi un sujet pareil à la fig. 16. Si la tête a une tendance, comme presque toujours, à s'emporter, il faut avoir soin de la rabattre, afin que la sève se porte dans les branches du bas; du reste, dans tout le temps de la formation, il faut la surveiller et l'arrêter souvent, par le pincement, pour la même raison.

La palmette Verrier est élégante, facile à conduire et donne de très bons résultats.

On la dessine d'abord sur le mur ou sur le contre-espalier avec des lattes de sciage; on rabat le sujet à 40 centimètres environ, au-dessus de trois boutons, un de chaque côté, d'où partiront les deux premières branches et un troisième au-dessus *en avant* pour fournir la tige du milieu.

On obtiendra, la première année, de chaque côté, des pousses A de 50 centimètres à un mètre (fig. 32). Cette première pousse A est tenue, pour favoriser l'ascension de la sève, sur un angle de 60 à 70 degrés (Voir quart de cercle fig. 57); à la taille de l'année suivante on rabat l'extrémité et on l'abaisse sur un angle de 50 à 60 degrés; à la taille de la troisième année on coupe encore l'extrémité, on abaisse la branche et on la met en place, en la relevant en B (fig. 32).

3 *

La tige du milieu se taillera la deuxième
année entre 15 et 20 centimètres, la troisième
à la même distance, au-dessus de trois boutons, un de chaque côté, pour la formation de
secondes branches, et un sur le devant pour
la continuation de la tige et ainsi de suite
jusqu'à la formation complète de la palmette.

Je ne saurais trop recommander : 1° de
pincer sévèrement la tige du milieu afin
d'arrêter le mouvement ascendant de la
sève et de la refouler dans les branches du
bas; 2° de conserver toujours à ces dernières leur avance d'au moins 40 centimètres; 3° de maintenir l'équilibre à droite
et à gauche par les procédés indiqués au
principe troisième.

La fig. 17 représente une palmette Verrier à cinq branches de chaque côté; on
peut, si l'on veut, lui en donner six, sept
et huit, mais alors l'on mettra plus de
temps pour la formation et l'on devra
choisir des sujets plus vigoureux.

La fig. 32 ne représente la formation
de la palmette Verrier que d'un côté, il
va sans dire que l'autre se forme de la
même manière et en même temps.

La palmette simple fig. 18 se forme
d'après les mêmes principes. Si les branches
sont tirées horizontalement il faudra plus
de temps, parce qu'il est nécessaire de les
tenir d'abord dans un angle variant de 60 à
70 degrés avant de les abaisser. Si la
palmette est à branches obliques, en éventail (fig. 22), la formation sera plus prompte.

L'obstacle sera toujours la tige du milieu
qu'il faudra tailler court et pincer sévèrement pendant la végétation, contrairement
à l'habitude de presque tous les jardiniers,
qui laissent pousser le prolongement sans
jamais y toucher, au grand détriment des
branches du dessous qui ne poussent pas,
parce qu'elles ne reçoivent presque rien de
la sève qui est absorbée par la tige. Pour
cette raison je préfère la palmette double
(fig. 19), la sève étant divisée dès le point
de départ, est répartie également sans
aucune déperdition.

Le candélabre (fig. 20) est élégant et n'est
pas difficile à former et à conduire. On
rabat le sujet à 40 centimètres au-dessus
de deux boutons seulement, un de chaque
côté ; on les traite comme pour la palmette

Verrier. Quand les branches sont suffisamment poussées on les abaisse à droite et à gauche et on les relève verticalement. Quand les deux branches sous-mères sont ainsi établies aux deux tiers, on laisse se développer toutes les branches du milieu en même temps, ayant bien soin, par la taille et le pincement, de conserver aux sous-mères leur avance d'au moins 40 centimètres; quand le candélabre est formé, on taille toutes les tiges à hauteur égale. La fig. 20 représente un candélabre à quatre branches de chaque côté, on peut lui en donner davantage ou moins selon l'espace que l'on veut couvrir.

L'éventail (fig. 21) est la forme des pêchers. Voici comment on l'établit : on rabat le sujet à 40 centimètres, au-dessus de deux boutons, un de chaque côté, on obtient deux pousses A qu'on abaisse successivement d'un angle de 70 degrés à un angle de 45 environ. Quand ces deux branches sont formées aux deux tiers, on tire les deux autres B qui iront très vite à cause de la ligne oblique; on aura soin de les surveiller.

On peut, si l'on veut, y ajouter deux sous-branches en C, il suffira de tailler la branche B 10 centimètres au-dessus et de l'arrêter par le pincement pendant et jusqu'à la formation de la sous-branche.

Des formes moyennes.

La palmette en U à deux branches (fig. 23) est une excellente forme pour les murs de 3 à 4 mètres.

Les arbres sont plantés de 70 à 80 centimètres les uns des autres, on les rabat la seconde année à 40 centimètres sur deux boutons, un de chaque côté, et on obtient deux pousses dont on relève les extrémités en U dès la troisième année de la plantation. On les traite à la taille comme les cordons verticaux, dont nous parlerons tout à l'heure, c'est-à-dire que chaque année on rabat la moitié de la pousse. La grande difficulté est de maintenir l'équilibre entre les branches.

La palmette en U à trois branches (fig. 24) se traite comme la précédente, on élève du tronc rabattu trois branches au lieu de deux; la difficulté de l'équilibre est encore plus grande à cause de la branche du milieu toujours disposée à s'emporter, il faut la tailler plus courte et la pincer.

Ces arbres se plantent à 90 centimètres ou à 1 mètre.

Pour la palmette en U double (fig. 25), on rabat à 40 centimètres sur deux boutons, on obtient deux pousses que l'on abaisse et redresse verticalement comme pour la palmette Verrier; les deux extrémités sont taillées à 10 centimètres, elles fournissent en se bifurquant les quatre branches de la palmette. Ces arbres sont plantés de 1^{m}20 à 1^{m}30.

La palmette à cinq branches verticales (fig. 26) se traite comme la palmette Verrier pour le premier étage. La tige du milieu qui fait ressembler le second étage à la palmette en U à trois branches doit être tenue sévèrement pour le maintien de l'équilibre.

Ces arbres sont plantés de 1^{m}50 à 1^{m}70.

Des petites formes.

Comme le fait remarquer M. du Breuil, l'inventeur des plantations rapprochées, malgré les progrès de l'arboriculture, et en appliquant les procédés les plus prompts, il faut de 12 à 14 ans et plus pour garnir un mur ou un contre-espalier, avec les grandes formes; les petites formes remédient à cet inconvénient, elles permettent de couvrir la surface d'un mur, en beaucoup moins de temps, et d'obtenir beaucoup plus tôt le produit *maximum* des arbres.

Cordons verticaux. — Vous avez un mur, un pignon, je suppose, de 4 à 5 mètres de haut, vous pouvez, si vous le voulez, en six ou huit ans, le couvrir de la base au sommet, d'un espalier vigoureux, qui vous donnera des fruits abondants (fig. 27).

Choisissez des variétés de vigueur égale à peu près, des greffes d'un an, sur cognassier, à moins que votre terrain ne s'y refuse; pour ces petites formes, le franc a l'inconvénient de trop pousser et de se mettre difficilement à fruit. M. du Breuil indique entre les arbres une distance de 30 centimètres; l'expérience a démontré qu'il valait mieux mettre 40 centimètres pour qu'ils ne se gênent point mutuellement.

Comme ils n'ont pas un grand développement à fournir, c'est l'usage de rabattre le tiers ou la moitié de la tige l'année même de la plantation, surtout s'ils ont de bonnes racines et s'ils sont plantés de bonne heure.

On allonge successivement le prolongement jusqu'au sommet du mur en retranchant chaque année la moitié environ de la pousse.

Le point important est le choix de variétés d'égale vigueur, autrement le fort tuerait le faible et la symétrie disparaîtrait.

L'inconvénient est la dénudation de la base; on y obvie par la taille et le pincement, ou mieux encore en y greffant des boutons à fruit au mois d'août.

Cordons obliques (fig. 28). — Ils conviennent aux murs qui ont de 2 à 3 mètres; on choisit pour le milieu des variétés de vigueur égale, sur cognassier, greffes d'un an, et pour les extrémités, qui ont plus de développement à fournir, des sujets plus vigoureux.

On les plante à 40 centimètres les uns des autres, on taille le tiers de la tige, que l'on incline d'abord sur un angle de 70 degrés pour l'abaisser successivement à 45 vers la troisième année. Chaque année on allonge le prolongement en rabattant environ le tiers de la pousse.

Le commencement et la fin des cordons obliques présentent un vide qu'il faut combler.

L'arbre A qui fait le commencement (fig. 28) est incliné l'année même de sa plantation sur un angle de 70 degrés, dès la seconde on l'abaisse sur 45. Cette inclinaison provoque à sa base C le développement d'un rameau qu'on laisse pousser librement pendant tout le temps de la végétation, l'année suivante on l'abaisse sur un angle de 45. On fait naître encore un autre rameau en D qu'on traitera comme le précédent jusqu'à complète formation.

Mais il ne faut pas aller trop vite, on devra toujours se régler sur la vigueur de l'oblique mère A dont il ne faut pas entraver la pousse.

L'arbre B qui termine les cordons obliques (fig. 28) est aussi incliné la seconde année sur un angle de 45 degrés, puis successivement amené à la position horizontale. Quand il a atteint une longueur d'environ 1^m50 et qu'on peut en relever l'extrémité, on fait développer au-dessus autant de rameaux qu'il en faut pour combler le vide.

La fig. 28 ne présente au milieu que des obliques *simples*, on peut, si l'on veut, les établir sur deux lignes et avoir ainsi des obliques *doubles* (fig. 33). On plante les arbres de 70 à 80 centimètres de distance, et quand la première branche est abaissée sur 45 degrés et aux deux tiers formée on provoque un rameau à la base qui fera la seconde.

Cordons horizontaux (fig. 29). — Ils conviennent aux poiriers sur cognassier et aux pommiers sur paradis, le long des bordures.

Il y a des jardiniers qui les plantent tels qu'ils sortent de la pépinière sans rien retrancher de la tige et qui les courbent la première année; je l'ai fait et vu faire avec succès, mais il faut avoir de beaux sujets et les planter de bonne heure.

L'extrémité de la tige ne sera pas attachée, mais laissée libre et relevée pour y attirer la sève, que ne favorise pas la

position horizontale. Pour cette raison il y
a à craindre qu'il se développe des gourmands à l'endroit de la courbure, c'est là
l'inconvénient.

D'autres jardiniers rabattent en plantant
le tiers environ de la tige du sujet, qu'ils
laissent droite et pousser en liberté; il y a
l'inconvénient contraire : la sève favorisée
par la position verticale monte en haut au
détriment des yeux inférieurs qui ne se
développent pas.

Avec beaucoup de praticiens je pense
qu'il vaut mieux, en plantant, tailler l'extrémité seulement de la tige et la tenir, avec
un tuteur, inclinée sur un angle de 70 degrés et la courber l'année suivante.

On plante les arbres de 1ᵐ50 à 2 mètres
de distance et quand les prolongements se
touchent, on les soude les uns sur les
autres non pas en dessus, mais de côté
(fig. 15), au moyen de la greffe par approche.

Si dans la plantation on a soin d'alterner
les sujets faibles avec les sujets vigoureux,
cette greffe donnera à tous les arbres du
cordon une vigueur uniforme.

On peut les élever sur un ou plusieurs
rangs, en mettant une distance de 40 centimètres entre les cordons.

Du verger.

Le verger est un lieu planté d'arbres
fruitiers élevés à haute tige et en plein
vent.

Si vous avez un vaste terrain, surtout
à l'abri de la violence des vents bas, faites-
en un verger; plantez-y des poiriers, des
pommiers, des cerisiers et des pruniers
(l'abricotier ne réussit que dans les cours,
à l'abri du vent du nord).

Tout ce que nous avons dit de la préparation du sol et de la plantation s'applique également aux arbres cultivés en
plein vent.

Il y a un préjugé assez répandu qui
prétend qu'on ne doit pas tailler les arbres
à plein vent, qu'il faut les planter tels
qu'ils sortent de la pépinière et les laisser
pousser comme ils veulent. C'est une
grande erreur. En les plantant on équilibre
la tête avec les racines; la deuxième année

on conserve seulement trois branches, les mieux placées en triangle, A, B, C, on les taille à 15 ou 20 centimètres au-dessus de deux boutons qui donneront six branches l'année suivante. Plan par terre (deuxième et troisième année, fig. 34). Arbre à haute tige (troisième année de plantation, fig. 35).

Si la quatrième année on taille encore ces six branches au tiers de leur longueur, on obtiendra une tête d'arbres composée de douze branches distribuées circulairement et régulièrement autour de la tige en forme de vase ou de gobelet (fig. 36). Après, on ne s'occupe plus de l'arbre que pour faire disparaître les branches intérieures qui font confusion et gênent l'air et la lumière, et pour couper celles de la tête qui s'emportent et menacent l'équilibre.

Les arbres du verger se plantent en échiquiers à 10 ou 12 mètres.

Dans le cas où l'on ne planterait pas en massif, mais en bordure, sur le bord des champs, le long des chemins ou des allées, 8 mètres suffiront bien.

Il ne faut pas oublier un tuteur, du moins pour la première année.

Quant aux rameaux à fruit, on en abandonne la formation et l'entretien à la nature.

———

CHAPITRE V

TAILLE ET MISE A FRUIT.

Avant d'exposer la théorie de la taille, nous allons déblayer le terrain et initier le lecteur à une foule de notions préliminaires, dans le but d'éclairer cette question qui est vraiment complexe et ne manque pas de difficultés.

Notions préliminaires. — La taille a pour but la mise à fruit et en même temps pour effet d'entretenir les arbres dans un bon état de santé et de rapport, mais à condition qu'elle soit faite d'après les vrais principes de la physiologie végétale.

Nous distinguons deux tailles : la taille d'hiver et la taille d'été dont nous parlerons en détail.

Époque de la taille. — On peut dire d'une manière générale qu'elle commence au repos de la sève et finit au moment où elle reprend son cours, de novembre à mars.

Il ne faut jamais tailler quand il gèle, le moment le plus favorable est février et mars quand les grands froids sont passés ; mais si l'on a beaucoup d'arbres à tailler et que le temps soit doux, je ne vois pas d'inconvénients à tailler en décembre et janvier.

Il faut procéder par ordre de *précocité*. Les abricotiers d'abord, les pêchers ensuite, les cerisiers, les pruniers, puis les poiriers et les pommiers en dernier lieu. Il faut aussi tenir compte de la vigueur de l'arbre ; un poirier plein de vie et de force sera taillé tard, et le faible de bonne heure.

Si l'année a été sèche, on pourra avancer la taille, si elle a été humide, on devra la retarder.

Instruments de la taille. — Le meilleur instrument de la taille et le seul dont on devrait se servir, c'est la *serpette*. Le sécateur est plus commode, mais il a l'inconvénient de mâcher le bois et de rendre difficile la cicatrisation de la plaie. Si l'on s'en sert, que ce soit seulement pour les.

rameaux que l'on veut mettre à fruit, et jamais pour le prolongement de la branche charpentière.

Coupe. — Il faut couper rez de l'œil et ne pas laisser d'*onglet* (fig. 37).

La fig. 38 représente une mauvaise coupe qu'il ne faut pas imiter.

La taille du prolongement doit être faite sur un œil bien constitué, placé sur le *devant* pour obtenir une branche droite et jamais en dessous et en dessus (fig. 39 et 40).

Étude et dissection de la branche charpentière. — Avant de tailler la branche charpentière, il est bon de l'étudier et d'en connaître tous les détails.

J'y trouve d'abord des yeux, des boutons, des bourgeons et des rameaux.

L'*œil* est un petit corps, gros comme une tête d'épingle qui se trouve au fond des feuilles ; à l'automne, la végétation cessant, les feuilles tombent et l'œil apparaît complètement formé, c'est un *bouton.*

Sous l'influence des premières chaleurs printanières, ce bouton se gonfle, s'entr'ouvre et donne naissance à un *bourgeon.*

4

L'été se passe, la végétation s'arrête, les feuilles tombent, et le bourgeon durci devient un *rameau* qui sera mis à fruit par la taille d'hiver et d'été. Il prend alors le nom de *coursonne*.

Parmi ces rameaux soumis à la taille, il y en a qui ont une large base, un véritable empatement, ce sont des *gourmands* (fig. 41).

Après le pincement des rameaux pendant la végétation, il se développe quelquefois un ou deux bourgeons qu'on appelle *bourgeons anticipés* (A, B, fig. 42).

De l'œil. — L'œil, comme nous l'avons vu, n'est autre chose que le bouton à l'état rudimentaire, c'est l'élément de toute production.

L'œil affecte deux formes, il est *conique* lorsqu'il termine le rameau, on l'appelle œil *terminal*; après la taille du prolongement, œil de *taille*; après la taille de la branche coursonne, œil d'*appel*. Il est *aplati*, quand il se trouve à la circonférence, il se nomme alors œil *latéral*.

A la base des rameaux il existe de chaque côté des yeux très petits appelés *yeux*

stipulaires. Il y a encore les yeux *latents,
adventifs,* placés sur le vieux bois peu ou
point apparents, qui se développent par
suite de taille courte et rendent les plus
grands services.

L'espace compris entre deux yeux s'appelle *mérithalle.*

Du bouton. — Il est plus arrondi que
l'œil et entre en végétation avant lui.

Il renferme la fleur et est destiné à
donner le fruit.

Dans les espèces à pépins, il se forme
sur le vieux bois, sur les branches cour-
sonnes, il lui faut de deux à trois ans; on
le reconnaît à sa grosseur, au nombre de
feuilles de cinq à sept qui composent sa
rosette.

Dans les espèces à noyau, le bouton se
forme sur la branche de l'année et donne
du fruit l'année suivante, mais la branche
qui a produit se dénude, les boutons
montent plus haut et finissent par disparaître.

Dans les poiriers et les pommiers, au
contraire, le bouton qui a produit fait
bourse (fig. 43), et sauf accidents de saison

ou autres, il continue à donner des boutons et des fruits.

Outre le bouton et la bourse il y a encore comme espérance et comme ressource la *brindille*, le *dard* et la *lambourde*.

La *brindille* est un petit rameau grêle, allongé, flexible, de 10, 15 et 20 centimètres de longueur (fig. 44).

Le *dard* est un petit rameau depuis 5 jusqu'à 8 centimètres de longueur, à œil terminal *conique*, qui s'arrondit et prend au bout de deux à trois ans le caractère de bouton à fruit (fig. 45).

La *lambourde* est un dard terminé par un ou plusieurs boutons à fruit (fig. 46 et 47).

Principes de la taille. — La taille n'est pas un système, ni une routine, ni une tradition de père en fils : c'est une *théorie* qui doit être l'application des lois de la végétation; elle suppose donc des principes qu'il importe de connaître.

Premier principe. — L'arbre est un être vivant et organisé, il souffre des amputations qu'on lui fait; les maladies et la mort des arbres viennent principalement de tailles trop courtes et brutales ou contraires aux lois de la végétation. La taille est de la *chirurgie végétale*, elle doit être faite délicatement et avec des instruments bien tranchants.

Deuxième principe. — Plus la sève est entravée dans sa circulation, plus les yeux se transforment en boutons à fruit. On obtient ce résultat par la taille en hiver et par les pincements en été.

Troisième principe. — Plus la sève a un long parcours à fournir, plus elle circule lentement et moins elle donne de nourriture aux yeux et aux rameaux disséminés sur sa route; de là la nécessité de tailler long le prolongement, du reste la nature nous donne sur ce point des enseignements précieux.

Étudiez une branche *non taillée* et abandonnée à elle-même, vous y trouvez d'abord des yeux, puis des boutons, des dards et des rameaux seulement à la partie supérieure; la seconde ou la troisième année, la branche sera couverte de boutons à fruit, et cela sans taille ni pincement, parce que la sève ayant un long parcours à fournir, circule lentement et ne donne que peu de nourriture à tous ses enfants qui restent faibles et se mettent à fruit.

Les trois principes émis dans le chapitre de la forme à donner aux arbres, sur le mouvement plus ou moins ascendant de la sève selon la ligne verticale, oblique ou horizontale, sur l'équilibre et sur l'air et la lumière absolument nécessaires pour la fructification, ont aussi leur application dans la question de la mise à fruit.

Aidés de nos notions préliminaires et de ces différents principes, la taille nous sera beaucoup plus facile.

Nous sommes en présence d'une branche à tailler, si elle est palissée nous commençons par couper et par enlever tous les vieux liens, que nous remplacerons par de nouveaux; si nous rencontrons un gourmand sur le dessus nous le rasons, si sa disparition laissait un vide on le couperait en A à 2 millimètres pour faire partir les yeux stipulaires, dont on garderait plus tard le mieux placé (fig. 44). Il y a sur cette branche des boutons à fruit en formation, nous n'y touchons pas, à moins, comme cela a lieu sur les vieux arbres, qu'il y en ait cinq à six et plus côte à côte, on n'en laisse que deux ou trois, les mieux placés et les plus beaux, cela s'appelle *éborgner*. Je trouve une brindille faible et courte, je la respecte, si elle est trop allongée, je la taille en C (fig. 44). Plus loin il y a un dard (fig. 45), c'est une espérance, on n'y touche pas. J'aperçois une bourse, j'en rafraîchis seulement l'extrémité spongieuse en C (fig. 43). On ne touche pas non plus à la lambourde quand elle ne porte qu'un bouton (fig. 46), mais si elle en a quatre, cinq et plus, comme cela se voit sur les vieux arbres, on n'en garde que deux ou trois, les mieux placés et les plus près de la base, c'est ce qui s'appelle *rapprocher* (fig. 47). Mais j'aperçois trois boutons à fruit, faudra-t-il les laisser tous les trois? Non, il n'en faut garder qu'un, le plus près de la branche mère et tailler en D (fig. 48). S'il y a un rameau à côté, il faut aussi le faire disparaître. Si le fruit noue, il fera l'effet de feuilles et fera bourse ensuite; s'il coule, de la fleur sortira un rameau qui continuera la vie. Il en coûte toujours de faire tomber des boutons à fruit, pourtant c'est rationnel : Un convive devant une portion fera un bon dîner, mais s'ils sont cinq devant cette même portion, ils pourront mourir de faim.

J'arrive au rameau latéral, comment le tailler? à quelle longueur?

D'abord tailler, sauf pour les prolongements, n'est pas *couper*, mais *casser* avec la lame de la serpette.

L'avantage est celui-ci : l'aire de la coupe se cicatrise promptement; le cassement au contraire produit une plaie contuse et déchirée qui ne se cicatrise pas et permet à l'excédent de la sève de s'évaporer.

Le cassement demande un examen sérieux des variétés. On doit le pratiquer plus ou moins long, suivant leur manière de végéter, selon les yeux plus ou moins rapprochés ou développés à la base, car l'écartement varie selon les espèces.

Disons avec la grande majorité des maîtres en arboriculture moderne, qu'il doit se pratiquer de deux à trois yeux sur les rameaux faibles, de trois à quatre sur ceux de vigueur moyenne, et de cinq à six sur les

vigoureux (Voir les fig. 49, 50, 51). Si ces
derniers n'ont pas d'yeux apparents à la
base, pratiquez un double cassement, un
complet à cinq ou six yeux, et un partiel
vers le milieu du rameau (fig. 52).

Si auprès de l'œil de taille il y a un gourmand ou un bouton à fruit, il faut faire disparaître l'un et l'autre, afin qu'ils n'absorbent
pas la sève destinée au prolongement et ne
le gênent pas dans son développement.

Pour qu'il y ait air et lumière entre les
rameaux latéraux de la branche charpentière, on n'en laisse qu'*un*, de distance en
distance.

Quand l'ébourgeonnage n'a pas été fait et
qu'il y en a deux ou trois à côté les uns
des autres, on garde avant tout la branche
coursonne qui a déjà des boutons en formation, et on fait disparaître les autres. Si ce
sont des pousses de l'année, on garde la
plus faible, qui est placée de côté, et on abat
les autres, non pas avec le sécateur, mais
avec la serpette, rez de la branche mère.

Si la branche coursonne *bifurque*, on
coupe la bifurcation la plus forte et qui est
placée en dessus pour garder la plus faible,

4*

placée en dessous ou de côté ; par ce principe que les boutons à fruit se forment sur
les rameaux faibles et sur ceux qui reçoivent
moins de sève.

Pincement. — Le pincement est la clef
de la mise à fruit, pincer n'est pas couper,
mais *rogner* avec l'ongle l'extrémité herbacée du bourgeon, afin de produire une
place déchirée qui ne se cicatrise pas.

L'écartement des feuilles varie selon les
espèces, surtout chez le poirier ; on ne peut
donc pas indiquer pour le pincement une
longueur déterminée. Ainsi pincer à la *mé-
canique* à 10 centimètres toutes les variétés
est une faute, d'autant plus qu'il est
reconnu qu'il faut un nombre voulu de
feuilles pour élaborer le cambium nécessaire, comme l'on sait, à la formation et
surtout à la nutrition du bouton à fruit.

Avec la majorité des arboriculteurs mo-
dernes, disons qu'il faut pincer long, à
cinq ou six feuilles *au moins.* Attendez que
le bourgeon soit *ligneux* à la base, pour
pincer l'extrémité *herbacée.*

Évitez de pincer *sévèrement* au commencement de la végétation, ce serait vous

exposer à faire partir à bois les boutons en formation, surtout si l'année est humide. Lorsqu'à la fin de juin ou en juillet la sève a perdu sa furie, vous pourrez faire des pincements plus sévères et la refouler avec succès dans les yeux de la base.

Il ne faut pas non plus faire tous les pincements en même temps, vous apporteriez un trouble dans la végétation.

Quand donc votre bourgeon est arrivé à l'état suffisamment ligneux, vous le pincez entre cinq ou huit feuilles, selon sa force (Voir fig. 53, bourgeon vigoureux pincé à huit feuilles); s'il donne un bourgeon anticipé E, vous le pincez à quatre feuilles, si un second débouche au-dessus, vous le pincez à deux feuilles (fig. 54); mais dans les espèces vigoureuses il arrive souvent que deux bourgeons anticipés E et A se développent (même fig.), vous pincez le premier comme nous l'avons dit, quant au second A, vous le cassez un peu au-dessous, parce qu'il ferait confusion et gênerait l'air et la lumière.

Avant et pendant le pincement vous enlevez avec la serpette les bourgeons mal placés ou inutiles qui, eux aussi, feraient confusion et absorberaient une partie de la sève au détriment des autres, il faut le faire quand ils ont de 5 à 6 centimètres, c'est ce qui s'appelle *ébourgeonner*.

Toutes ces opérations doivent suffire pour la mise à fruit; si elles ne suffisaient pas, ou si le second pincement pour une raison ou une autre avait été omis, il y a un moyen très efficace d'y remédier et de compléter la formation des boutons. C'est le cassement en vert. Vers le milieu d'août, si les yeux de la base sont peu développés, on casse au-dessous du premier pincement en D (fig. 55); si, au contraire, ce sont déjà des dards, on casse seulement en A le bourgeon anticipé (fig. 56). A cette époque de l'année il n'y a pas assez de sève pour produire un bourgeon anticipé; arrêtée alors dans sa marche, elle se répand sur les yeux du bas qui grossissent et deviennent des boutons pour l'année suivante.

Il y a dans l'arboriculture comme dans le règne animal, des sujets indomptables, rebelles à tous les traitements, que faut-il en faire? Faut-il leur faire subir la *torture?*

tordre les rameaux, mutiler les racines, faire des incisions annulaires au bas du tronc? Non, parcourez votre jardin, cherchez sur tous vos arbres, les délicats surtout, des boutons à fruit que vous écussonnez au mois d'août, au hasard sur les branches, et au bout de quelques années, vous aurez un coupable repentant, soumis et docile, qui sera le porte-fruit des autres.

Je mentionne en terminant cette important chapitre une excellente pratique de certains jardiniers qui, avec des ciseaux effilés, coupent à l'époque de la floraison, les fleurs surabondantes et n'en laissent que cinq à six. Cette opération assure aux fleurs qui restent, une nourriture abondante, et les fruits nouent, malgré la rigueur de la saison.

Faites-en autant pour les fruits quand ils sont noués, n'en laissez que deux ou trois, plus tard vous ferez votre choix et n'en garderez qu'un ou deux. C'est à cette condition que vous aurez des fruits beaux et bons et que vous assurerez à vos arbres la santé, la vigueur et la longévité.

Voilà les règles, mais elles ne sont pas absolues, leur application devra subir des

modifications selon les circonstances. La
nature est pleine de bizarreries, il y a des
cas imprévus, il y a des accidents de
saison : la gelée, la grêle, la sécheresse,
une humidité excessive. Il faut alors à l'arboriculteur beaucoup de tact et un grand
coup d'œil d'appréciation qu'on n'acquiert
qu'avec la pratique et l'expérience.

CHAPITRE VI

CONSEILS SUR LA CULTURE

DU POMMIER, DE L'ABRICOTIER, DU PÊCHER,

DU CERISIER ET DU PRUNIER.

Pommier. — Tout ce que nous avons dit s'applique au pommier comme au poirier, mais surtout à ce dernier.

Le pommier appartient à la famille des arbres à pépins, mais il en diffère sous plusieurs points et il a des particularités que je vais exposer.

La sève, chez le pommier, est plus tardive que chez le poirier; il faut en tenir compte pour la taille et le pincement, et aussi pour la greffe en rameau ou en écusson; il y a une différence d'environ quinze jours.

Le pommier demande un sol frais, il ne craint pas l'humidité. Si vous avez dans votre jardin un endroit bas, humide, peu visité par le soleil, c'est celui-là qu'il faut choisir pour y planter des pommiers.

Il peut être soumis à toutes les formes, mais comme il n'est pas difficile sur la qualité du sol et sur l'exposition, il doit céder la place au poirier, le roi des jardins fruitiers.

Si vous avez des terrains argileux et humides, plantez-y des pommiers à haute tige sur franc.

En fait de *formes*, je ne vous conseille que les cordons horizontaux, sur *paradis* si votre terrain est riche et argileux, sur *doucin* s'il est de qualité médiocre et brûlant. Sur ces deux sujets la fructification s'établit vite et facilement, cela permet de les tailler un peu plus court et de les pincer plus sévèrement que le poirier.

Abricotier. — Il appartient à la famille des arbres à noyau, comme ceux dont il nous reste à parler.

Il pousse très vite et avec une vigueur toute particulière, mais d'une manière diamétralement opposée au pêcher : il s'emporte

par la base et a tendance à s'éteindre
par le haut. Il donne ses fruits sur la
branche d'un an et est d'une fertilité remarquable. La branche qui a fructifié voit ses
yeux s'éteindre, mais moins vite que chez
le pêcher.

On peut le soumettre à toutes les formes,
candélabres, palmettes, etc. La taille est de
cinq à huit boutons et le pincement de sept
à douze feuilles selon vigueur. En espalier
le fruit est plus précoce, plus gros, mais
cotonneux et fade, et comme il est très
sujet à la gomme, il arrive souvent qu'une
branche qui en est atteinte, est subitement
frappée de mort au moment où le fruit
commence à nouer. Avec lui le jardinier
doit mettre tout amour-propre de côté et
renoncer à la symétrie. Sa vraie forme c'est
le plein vent; les fruits sont bien meilleurs,
sa place est dans les cours ou dans les
jardins de ville; dans les vergers où il n'est
pas abrité, il réussit une année sur cinq, à
cause de sa précocité. Pour lui, tailler c'est
couper et non *casser*, à cause de la gomme.
Comme il ne se dégarnit pas de la base, on
peut tailler long le prolongement.

Pêcher. — Le pêcher demande impérieusement l'espalier aux expositions du midi, de l'est et du sud-ouest, il peut être soumis à toutes les formes. Si vous avez un mur de 3 à 4 mètres, faites des candélabres, des palmettes à quatre ou cinq branches verticales, des U simples ou doubles, comme vous voudrez; si vos murs n'ont que de 2 à 2^{m}50 de hauteur, faites des palmettes à branches obliques ou horizontales ou bien des éventails.

Ayez soin de garder entre les branches une distance d'au moins 50 centimètres.

On le greffe sur prunier dans les terrains argileux et humides, et sur amandier dans les terrains secs et légers.

Il pousse vite, on le rabat en le plantant, sans cela les yeux de la base s'annuleraient.

Il est sujet à la gomme et veut le contact du bois et non celui du fil de fer.

Les pucerons, qui attirent les fourmis, sont ses ennemis, on les combat victorieusement avec la *nicotine* mélangée de huit à dix parties d'eau, c'est-à-dire un litre pour huit à dix d'eau.

Il fructifie sur le bois de l'année précédente et les yeux du rameau qui a fructifié s'éteignent.

La taille du pêcher demande des connaissances spéciales et des opérations continuelles. Le cadre de ce Manuel ne me permet pas d'entrer dans des détails complets, je renvoie le lecteur au bel ouvrage de M. Alexis Lepère (Imprimerie Bouchard-Huzard, rue de l'Éperon, 5, Paris).

Je vais seulement dire en quelques mots le fond et le principe de la taille du pêcher.

Le point capital est la branche de remplacement qu'il faut obtenir. Le rameau qui porte les fleurs se taille long de 10 à 25 centimètres et même plus selon sa position et sa vigueur, non pas quand il est en fleurs, comme le font malheureusement la plupart des jardiniers, au grand détriment de la santé et de la longévité des pêchers, mais vers la fin de février, quand les yeux ont grossi et que les boutons à fleurs sont faciles à reconnaître.

Notre branche taillée, nous la palissons plus ou moins inclinée et plus ou moins sévèrement selon encore sa position ou sa vigueur, pour favoriser ou modérer la sève.

La floraison a lieu, le fruit noue ou il ne noue pas, vers le milieu de mai et même plus tôt l'on sait à quoi s'en tenir. Si le rameau ne porte pas de fruit vous le rabattez à un ou deux yeux pour avoir la branche de remplacement ; s'il en porte, vous n'y touchez pas, mais vous pincez tous les bourgeons même celui au-dessus du fruit sans crainte pour lui, pour faire partir les yeux de la base et obtenir la branche de remplacement, s'il est nécessaire de sacrifier le fruit pour l'avoir, il ne faut pas hésiter à le faire.

Cette branche obtenue, vous lui donnez tous vos soins, vous la palissez plus ou moins inclinée et plus ou moins sévèrement, selon son état, vous la pincez à dix ou douze feuilles et le bourgeon anticipé, s'il y en a un, à six ou huit feuilles ; s'il y en a deux, vous en faites disparaître un, il ne faut pas de bifurcations.

Vous ébourgeonnez, vous donnez de l'air et de la lumière, vous palissez et repalissez encore quatre et cinq fois s'il le faut sans jamais ménager vos soins qui doivent être pour ainsi dire continuels.

Prunier. — Le prunier est l'arbre indépendant par excellence, il obéit peu à la taille et n'aime pas la gêne, aussi la vraie culture du prunier est la culture à haute tige.

Si vous voulez le cultiver en espalier, il affectionne assez les lignes obliques ou verticales; on le taille de cinq à six yeux. Les yeux de la base ayant une grande tendance à s'éteindre, il faut faire le premier pincement assez court de trois à cinq feuilles, pour les stimuler, et le second un peu plus long, comme il est moins sujet à la gomme que l'abricotier et le pêcher, on peut quelquefois casser le rameau au lieu de le couper.

Le prunier est vigoureux de sa nature, ses racines courent beaucoup et même se font jour en une foule de jets qui sont la ruine d'un carré; aussi il ne faut pas le planter dans le jardin potager, mais dans le verger.

Cerisier. — Le cerisier est l'arbre fertile par excellence, il accepte toutes les formes et toutes les expositions ; on peut donc le cultiver en espalier avec succès et on obtient des fruits quinze jours plus tôt que dans le verger et bien plus beaux. Les rameaux à fruit s'obtiennent avec la plus grande facilité. La moindre opération produit des fleurs.

On le taille de cinq à six yeux et on le pince de sept à huit feuilles.

Le cerisier a un grand ennemi, ce sont les moineaux ; aussi je vous conseille beaucoup de le planter non sur merisier, mais sur Sainte-Lucie : c'est un sujet résistant qui pousse dans tous les terrains et qui a l'avantage de ne pas monter trop haut ; on le cultive en touffes à la hauteur de la main, pour ainsi dire, et on le protège bien plus facilement contre la voracité des oiseaux.

Il ne faut pas oublier que toutes les espèces à noyaux exigent dans le sol une certaine proportion de calcaire sans lequel les fruits deviennent amers.

CHAPITRE VII

RESTAURATION DES VIEUX ARBRES.

Il faut du temps pour que l'arbre que l'on plante donne des fruits, surtout pour les grandes formes, aussi je professe un grand respect pour les vieux arbres et je pense qu'on peut les rajeunir et leur donner un vrai regain de santé et de vie, voici comment :

Commencez d'abord par les nettoyer; ils sont généralement couverts de mousse et de vieilles écorces qui servent d'asile à tous les vers et à tous les insectes de la Création. Badigeonnez-les avec un bon lait de chaux en décembre ou janvier; au bout de quelques mois les mousses brûlées tomberont, vous raclerez alors avec soin toutes les vieilles écorces.

Ensuite, par un temps doux, découvrez les racines et enlevez le plus de vieille terre que vous pourrez, vous la remplacerez par de la terre neuve prise dans les carrés ou par du terreau; vous ferez mieux encore, vous ouvrirez une tranchée tout autour des racines et vous la remplirez de fumier consommé sans oublier l'engrais liquide.

Voilà pour la *propreté* et la *nourriture*; il faut donner maintenant de l'air et de la lumière. Il y a quelquefois dans les quenouilles six à sept branches à chaque étage, quand il n'en faudrait que quatre ou cinq; faites-en disparaître deux ou trois. Les arbres à haute tige sont bien souvent un véritable fouillis, il n'y a de fruit que sur les branches extérieures, enlevez toutes les ramifications et bifurcations de l'intérieur, donnez de la lumière, rétablissez l'équilibre en rabattant toutes ces branches qui, dans les pommiers surtout, attirent toute la sève au détriment des autres.

Votre amour-propre est-il peu satisfait, parce que vos arbres n'ont ni tenue, ni forme? Déshabillez-les complètement ou à moitié en rabattant les branches à quelques centimètres, ou à 30 ou 40 du tronc, si elles n'ont pas trop de nodosités ou de têtes de saules; vous obtiendrez alors des branches nouvelles que vous dirigerez d'après les règles que nous connaissons.

Si votre arbre est encore jeune, vous pouvez le rabattre à 30 ou 40 centimètres du sol, et vous obtiendrez ainsi une charpente complètement neuve.

Si l'espèce vous déplaît, coupez-le au ras de la terre, et mettez-y quatre ou cinq greffes en couronne, vous obtiendrez des pousses vigoureuses, avec lesquelles vous ferez les formes que vous voudrez.

Je ne veux pas dire que tout soit *rose* dans la restauration des vieux arbres, non, il y a des déceptions et des morts restent parfois sur le terrain; mais généralement vos vieux arbres traités ainsi répondront à vos soins et vous donneront toute satisfaction.

5

CHAPITRE VIII

MALADIES DES ARBRES FRUITIERS

ET ANIMAUX NUISIBLES.

Nous avons dit à la fin du chapitre second de la première partie, que les arbres étaient des êtres vivants, organisés, et que leur existence était comme la nôtre une lutte continuelle, non seulement contre les intempéries des saisons, mais aussi contre une foule de maladies et des ennemis sans nombre, et nous avons conclu que non seulement le jardinier devait être un *maître* habile, mais aussi un *surveillant* et un *médecin*. L'application en est continuelle, car les arbres ont des maladies qu'il faut soigner et guérir et des ennemis contre lesquels il faut les défendre sans cesse.

C'est triste à dire, mais le jardinier avec

ses tailles vicieuses et ses mauvais instruments tue plus d'arbres que la gelée, la chaleur, les maladies et les insectes réunis.

La plupart des ulcères, des nécroses, des caries viennent d'amputations faites avec le sécateur. Toutes les fois que l'on doit enlever des têtes de saule, comme il y en a tant sur les vieux arbres, faire disparaître des nodosités, couper des branches, etc., on peut se servir de la petite scie à main, mais il faut avoir bien soin de refaire la plaie avec la lame de la serpette et de la recouvrir de mastic.

Les maladies les plus communes aux arbres et surtout au poirier et au pommier, sont l'*ulcère* et le *chancre*.

Pour l'ulcère, le remède consiste à enlever avec la serpette jusqu'au vif la partie malade et à recouvrir la plaie avec du mastic à greffer.

Le chancre désorganise l'écorce, il provient de meurtrissures, de coups de soleil, de la grêle et de la gelée, on le traite comme l'ulcère.

La maladie des arbres à noyaux et surtout de l'abricotier et du pêcher est la *gomme*.

Quelquefois elle s'ouvre d'elle-même un passage à travers l'écorce ; d'autres fois elle produit un gonflement qui soulève celle ci, sans la déchirer ; dès qu'on s'en aperçoit, on nettoie la plaie soigneusement avec la lame du greffoir, on la cautérise ensuite en la frottant avec une poignée d'oseille dont on exprime le jus dessus, on laisse sécher pendant quelques jours et l'on recouvre de mastic. On réussit aussi en faisant jusqu'à l'aubier une incision longitudinale, pour faciliter l'écoulement du fluide séveux, qui n'a pas le temps de s'y coaguler.

La *jaunisse* et la *chlorose* sont la conséquence de l'épuisement, on y remédie par une bonne nourriture et l'engrais liquide.

La *brûlure* de la tige vient aussi d'épuisement.

La *cloque* est une maladie qui attaque les feuilles du pêcher ; elle les crispe et les boursoufle ; elle est produite par les changements brusques de température et les nuits froides. Le remède préventif est l'abri des pêchers la nuit ; le seul remède efficace consiste à retrancher, dès qu'on s'en aperçoit, tout ou partie des feuilles et même des bourgeons qui en sont attaqués.

La lèpre. — Cette maladie du pêcher est une espèce de moissure blanchâtre, qui commence à se montrer à l'extrémité des pousses, gagne bientôt les rameaux et les petites branches et attaque quelquefois les fruits.

Cette maladie se déclare dans le mois de juin et se propage jusqu'en août ; c'est une espèce de champignon. Le soir, par un temps calme, au coucher du soleil, on y saupoudre de la fleur de soufre, à la main ou avec un soufflet, et on renouvelle cette opération tous les huit jours, si elle reparaît.

On a prétendu que cette maladie était incurable et qu'elle reparaissait chaque année à la même époque ; il n'en est rien heureusement, si elle est traitée à temps.

Les *ennemis* des arbres sont nombreux.

Je signale surtout pour les feuilles, les *pucerons* et le *tigre* ; pour le bois, les différents *kermès* ; pour la tige du prolongement, la *lisette* ou *coupe-bourgeons* et pour les racines, le *ver blanc*.

Les pucerons verts et noirs sont de redoutables ennemis pour le poirier et surtout pour le pêcher et le pommier ; d'autant plus redoutables que leur présence attire les fourmis, très friandes de leurs œufs, et que ces dernières augmentent les dégâts au point de compromettre la vie des arbres.

Nous avons heureusement un remède efficace, comme nous l'avons dit, dans la nicotine étendue de huit à dix parties d'eau; on seringue les feuilles avec cette dissolution, si l'on peut y faire tremper l'extrémité des branches attaquées c'est encore mieux.

Il y a pour le pommier un autre puceron bien plus redoutable, c'est le pucerón *lanigère*; le duvet blanc dont il est couvert ressemble à de la laine; il cause des exostoses sur lesquelles il vit, s'introduit sous l'écorce et se cache l'hiver en terre, autour du collet de la racine.

Je ne connais pas de remède vraiment efficace. Cependant on emploie avec succès, surtout au début, l'essence de térébenthine, l'huile de lin, le pétrole, et mieux encore, l'eau presque bouillante répandue sur les exostoses.

Je n'ai eu de véritable succès qu'en enlevant avec la serpette les parties de l'arbre contaminées et en renouvelant l'opération dès que l'ennemi reparaît.

Le tigre est aussi un terrible ennemi des feuilles, surtout pour les arbres en espalier, c'est une espèce de punaise sale qui se cache derrière la feuille et en dévore tout le parenchyme. On le détruit en seringuant les feuilles par-dessous, avec la nicotine, et en badigeonnant le bois à la chute des feuilles avec un lait de chaux où l'on mêle du savon noir et de la nicotine.

Les kermès ressemblent à des lentilles ovales de couleur grise ; ils sont si nombreux qu'ils forment une espèce de croûte sur les branches des arbres en espalier surtout. Ils se nourrissent des sucs contenus dans les tissus, ils épuisent les arbres et les empoisonnent. Pendant l'hiver on nettoie les branches avec une brosse dure, et on les passe ensuite au lait de chaux assaisonné de nicotine ou de sulfate de cuivre.

La lisette ou coupe-bourgeon est un insecte tout petit, armé d'une petite scie

avec laquelle il coupe l'extrémité du bourgeon. Quand c'est le bourgeon de la tige du
prolongement qu'il coupe, une fois et souvent deux, il arrête complètement la végétation. Il faut le surveiller, il est très fin,
quand il sent l'ennemi il fait le mort et se
laisse tomber.

Le ver blanc, comme tout le monde sait,
est un ennemi redoutable qui attaque non
seulement les fraisiers et les légumes, mais
aussi les racines des arbres; il est très
friand de salades, si on craint leur présence,
on en plante le long des plates-bandes et on
en détruit quelquefois trois ou quatre à
chaque pied.

Il y a encore d'autres ennemis, comme
les loirs, les rats, les mulots, les taupes,
les chenilles, les guêpes, les limaçons, etc.
Un arboriculteur vigilant ne se laisse jamais
surprendre, et tous ces ennemis doivent
toujours le trouver prêt à les attaquer et à
les détruire.

CHAPITRE IX

PRINCIPALES VARIÉTÉS A CULTIVER.

———

POIRIERS.

Il y a actuellement au moins deux mille variétés de poires et on en découvre de nouvelles chaque année. Je n'indiquerai que les meilleures, celles qui ont fait leurs preuves, par ordre de maturité.

Comme nous l'avons dit au chapitre trois de la deuxième partie, le franc convient aux arbres à haute tige et généralement à toutes les grandes formes, et le cognassier aux moyennes et aux petites formes ; j'indiquerai seulement les espèces faibles qui ne réussissent que sur franc, quand je ne dirai rien, c'est que l'espèce peut être cultivée sur franc ou cognassier selon les formes.

5*

Quand le terrain est riche et argileux le cognassier réussit aussi parfaitement bien pour les grandes formes ; c'est à chacun à faire son choix d'après son terrain.

Juillet-Août.

Doyenné de juillet, petit fruit à chair juteuse, peu vigoureux sur cognassier.

Beurré Giffard, fruit délicieux, fertile, réussit mieux sur franc.

Épargne, beau présent, cuisse-madame, chair fondante d'une saveur acidulée très agréable.

Août-Septembre.

Poiré de l'*Assomption*, beau et bon fruit, mûrissant aux environs de l'Assomption.

Bergamote d'été (mouille-bouche), très juteux, peu vigoureux, réussit mieux sur franc.

William, beau et bon fruit fondu, sur franc de préférence.

Beurré d'Amanlis, beau et bon fruit, eau abondante, sucrée, acidulée, vigoureux et fertile.

Septembre-Octobre.

Louise bonne d'Avranches, arbre vigoureux et fertile, beau et excellent fruit.

Beurré Hardy, fruit gros et fondant vigoureux et fertile.

Beurré gris, fruit délicieux, réclame l'espalier.

Beurré superfin, fruit assez gros, très bon, vigueur moyenne.

Doyenné Boussock, fruit superbe et excellent, assez vigoureux, très fertile.

Doyenné blanc (St-Michel), fruit délicieux, réclame l'espalier.

Octobre-Novembre.

Baronne de Mello, fruit moyen, très fin, très fertile.

Doyenné du comice, délicieux et beau fruit, d'une vigueur moyenne, faible dans certains terrains, demande alors le franc.

Beurré Clergeau, fruit superbe d'assez bonne qualité, peu vigoureux, demande le franc.

Beurré d'Anjou, fruit très gros et excellent, assez vigoureux et fertile.

Duchesse, fruit beau et délicieux.

Général Tottleben, fruit très gros et bon, vigoureux et fertile.

Novembre-Décembre.

Figue d'Alençon, fruit moyen, chair fine et fondante.

Beurré bachelier, très gros et très bon.

Beurré Diel (beurré magnifique, beurré royal), beau et bon fruit.

Triomphe de Jodoigne, fruit magnifique et bon, vigoureux et fertile.

Soldat laboureur, vigoureux et fertile, assez gros, très bon.

Beurré d'Hardempont (beurré d'Aremberg), beau et bon fruit, préfère l'espalier.

Beurré Luizet, beau fruit de première qualité.

Décembre-Janvier.

Saint-Germain, excellent fruit, assez vigoureux, très fertile, demande l'espalier.

Passe-Colmar, fruit moyen, bonne qualite, très fertile, vigueur moyenne.

Suzette de Bavay, vigoureux et fertile, fruit assez bon.

Passe-crassane, beau fruit de première qualité.

Janvier à Mars.

Doyenné d'Alençon, vigoureux, très fertile, fruit moyen, délicieux.

Doyenné d'hiver, superbe et excellent fruit, demande l'espalier.

Mars à Mai.

Bergamote Espéren, vigoureux, fertile, excellente poire, la dernière au fruitier.

POIRES A CUIRE.

Curé, vigoureux et fertile, fruit magnifique, très bon cuit, souvent bon cru.

Martin sec, fruit petit ou moyen, très bon cuit.

Bon chrétien d'hiver, demande l'espalier.

Catillac, fruit très gros.

Belle angevine, fruit énorme, bon cuit, mais servant surtout d'ornement pour la table et les desserts.

POMMIERS.

Pour l'été : *Madeleine, rambour d'été.*

Pour l'automne : *Grand Alexandre* et *gloria mundi.*

Pour l'hiver : *Calville blanc, reinette d'Espagne, reinette d'Angleterre, reinette du Canada, reinette de Caux, reinette des reinettes, reinette grise, reine de Bretagne* et *haute bonté.*

PÊCHERS.

Grosse mignonne hâtive, grosse mignonne ordinaire, noire de Montreuil, galande, belle Bausse, belle de Vitry, teton de Vénus et *admirable jaune.*

PRUNIERS.

Montfort, monsieur, reine Claude, reine Claude violette, reine Claude de Bavay.

CERISIERS.

Anglaise hâtive, impératrice Eugénie, royale, reine Hortense, Montmorency, queue courte.

APPENDICE SUR LA VIGNE.

La taille des treilles est généralement mal comprise et mal appliquée ; on y apporte peu de soins, sans doute parce qu'elles donnent des fruits quand même ; on a tort. Je vais donc en dire quelques mots, j'indiquerai les moyens efficaces pour combattre les maladies cryptogamiques, l'*oïdium* et le *mildew* (mildiou) et j'y ajouterai des explications sur les différents plants américains et la manière de les greffer.

CHAPITRE I

FORMES, CHOIX DES ESPÈCES ET TAILLE.

La vigne aime un sol de consistance moyenne avec un sous-sol perméable; ce qu'elle redoute le plus, c'est l'humidité.

On cultive les treilles en cordons simples ou doubles courant au haut des murs, ou en cordons horizontaux superposés, à la Thomery et aussi en cordons verticaux.

Les cordons horizontaux sont les meilleurs; la vigne réussit aussi très bien en cordons verticaux, mais il faut surveiller le prolongement et le pincer à temps, autrement les yeux du bas s'affaibliraient ou s'éteindraient; règle générale, chaque année la tige ne doit être allongée que de deux *coursons*.

Les espèces que l'on peut choisir sont le *précoce de Malingre*, raisin blanc de bonne qualité, mûrissant dans la seconde quinzaine de juillet, le *chasselas de Fontainebleau*, le *chasselas rose*, le *Frankenthal* et le *muscat d'Alexandre*.

Les chasselas se taillent généralement à deux yeux, les muscats à trois et le frankenthal à quatre.

Le rameau destiné à donner du fruit s'appelle *courson*. Le fruit apparaît sur le bois de l'année même.

Il y a une grande analogie entre la vigne et le pêcher, chez tous les deux le point capital est la production de la branche de remplacement, avec cette différence qu'on l'obtient plus facilement chez la vigne que chez le pêcher.

La vigne étant un bois tendre, se taille à 1 centimètre de l'œil et en biseau, du côté opposé, pour que, si elle pleure, l'eau ne reste pas, mais s'écoule plus facilement et que l'œil terminal ne soit pas noyé.

En mars, vous taillez donc à deux yeux, ou même à un œil, si le second est petit et le premier bien formé; du reste beaucoup de bons jardiniers taillent les chasselas à un œil seulement et s'en trouvent très bien.

Le fruit n'apparaît pas généralement sur l'œil de la taille, mais sur le troisième ou le

quatrième. Ou votre pousse a du fruit, ou
elle n'en a pas. Si elle en a, dès qu'il est
bien formé, vous ébourgeonnez toutes les
productions qui se trouvent au-dessous,
jusqu'à l'œil de la base, comme pour le
pêcher.

Vous pincez le rameau fructifié environ
à 40 centimètres et vous le palissez plus ou
moins incliné; cette inclinaison est très importante, elle a pour but, avec le pincement,
de modérer la sève et de la refouler dans
l'œil de la base qui se développe et fournit
la branche de remplacement; quand elle est
suffisamment poussée, vous la pincez et
la palissez plus ou moins inclinée selon sa
vigueur.

Au pincement, il faut toujours laisser au
moins deux feuilles au-dessus de la grappe.

Si le rameau destiné à porter des fruits
n'en a pas, il devient inutile, on le fait disparaître en le rabattant au-dessus de la
branche de remplacement qui sera plus
belle, parce qu'elle aura toute la sève.

Si les deux branches ont du fruit, comme
cela se voit quelquefois dans les années
d'abondance, faut-il tout garder? Je ne vous

le conseille pas, au point de vue de la
qualité du raisin et surtout pour l'avenir de
vos coursons qui seront compromis, pour
l'année suivante par une trop grande production.

Si le pincement fait déboucher des bourgeons anticipés on les fait disparaître.

Tous les bourgeons qui sortent du vieux
bois sont stériles; ils ne peuvent servir que
pour remplacer les coursons épuisés ou
combler des vides, s'ils n'ont à remplir ni
l'une ni l'autre de ces fonctions, on les
supprime dès qu'ils apparaissent.

Il faut aussi avoir bien soin d'enlever
les vrilles qui dépensent inutilement la
sève.

Voulez-vous éviter la coulure d'une manière certaine et hâter d'au moins quinze
jours la maturité de votre raisin? Avec un
instrument qu'on appelle *coupe-sève* faites
une *incision annulaire* au-dessous de la
grappe au moment où la fleur s'épanouit, à
un centimètre environ.

Cette opération ne doit se faire que sur le
courson qui doit disparaître à la taille et
non sur la branche de remplacement.

Je vous conseille aussi beaucoup le cisè-
lement; il consiste, avec des ciseaux faits
exprès, à couper d'abord l'extrémité de la
grappe qui mûrit généralement mal et à
enlever, à l'intérieur, tous les grains avortés,
mal conformés ou trop pressés.

Le résultat est toujours une augmentation
notable dans la qualité et dans le volume
des raisins.

CHAPITRE II

MALADIES CRYPTOGAMIQUES.

L'oïdium. — L'oïdium est un indice de souffrance et de dépérissement. Il faut d'abord commencer par fumer copieusement et rapporter des terres neuves.

Le remède efficace est le soufrage fait trois fois, quand les feuilles sont bien développées, vers la fin de mai, avant la fleur, et quand le grain est complètement formé de la grosseur d'un petit pois.

On choisit pour cette opération un temps clair et sec et une chaleur de 15 à 18 degrés, vers trois à quatre heures du soir.

Outre l'oïdium, le soufre combat avantageusement diverses maladies telles que l'*érinée* (tache rouge à l'intérieur des feuilles) et le *rougeau* (teinte rougeâtre des feuilles).

Mildiou. — Le mildiou est une crypto-game redoutable, il fait des ravages considérables lorsqu'il sévit avec intensité.

Cette cryptogame se produit généralement après des pluies orageuses, suivies de coups de soleil, et par suite d'humidités chaudes ou de brouillards, en juin et juillet.

Il se répand rapidement, surtout sur certains cépages qui sont plus sensibles que les autres à ses attaques. Il se propage aussi par la contagion; ainsi dans le Midi on a remarqué que les vignes d'Aramon, voisines de Jacquez, sont plus ou moins mildiousées, selon qu'elles sont plus ou moins rapprochées de ces dernières.

Le mildiou se développe aussi plus ou moins, selon les cépages, les lieux et la température.

Il n'y a aucun cépage absolument indemne, mais on a remarqué que certaines variétés sont bien moins sujettes que d'autres à cette maladie; tous les porte-greffes américains appartenant au groupe des *York-madeira*, le *Vialla*, le *Franklin*, le *Black-Pearl* se sont montrés jusqu'ici réfractaires.

Les vignobles dans les régions basses et humides sont plus exposés aux ravages du mildiou que ceux situés sur les plateaux et les coteaux. Les temps humides et pluvieux en favorisent les progrès; au contraire, les vents secs en paralysent les *fructifications*, mais les *spores* ne sont pas détruites et elles se développent de nouveau avec des temps propices.

Le mildiou s'introduit dans la feuille par la partie supérieure; il s'y développe dans l'intérieur des tissus, et il produit au-dessous une germination blanchâtre qui n'est pas autre chose que sa fructification, de là naissent des spores innombrables qui se répandent de tous côtés. De blanches, les taches deviennent jaunâtres, elles passent ensuite au rouge. La feuille entière ou la partie de la feuille attaquée est alors complètement détruite.

C'est en 1878 que cette maladie a commencé à faire son apparition en France.

Parmi les traitements essayés pour la combattre et enrayer ses ravages, deux ont une efficacité certaine : L'*eau céleste* que nous devons à M. Audoynaud, professeur à l'École d'agriculture de Montpellier, et la *bouillie bordelaise* inventée par M. Millardet, professeur à la Faculté des sciences de Bordeaux.

L'eau céleste est un mélange de sulfate de cuivre et d'ammoniaque.

Sulfate de cuivre, de 1 kil. à 1 kil. 500.

Ammoniaque à 22 degrés, de 1 litre à 1 litre 1/2, pour 100 litres d'eau.

La bouillie bordelaise est un mélange de sulfate de cuivre et de chaux.

La proportion varie beaucoup, de 1 à 3 kil. de sulfate sur 1 à 3 kil. de chaux, par 100 litres d'eau.

L'année dernière, 1889, le mildiou a perdu toutes les vignes du Vendômois; à Saint-Ouen une seule apparaissait verte et belle, avec des grappes abondantes et d'une grosseur énorme; le propriétaire avait sulfaté trois fois avec la composition suivante : 3 kilos de sulfate de cuivre, 3 kilos de cristaux de soude ou potasse, 1 kilo environ de chaux et 30 grammes de savon ordinaire pour 100 litres d'eau.

Je vous recommande cette composition, dont j'ai constaté les effets, et je n'hésite pas à attribuer la beauté et la grosseur des grappes de la vigne dont je viens de parler

à la potasse qu'elle avait abondamment
absorbée par ses feuilles.

Dans les vignes fortement mildiousées on
augmente beaucoup les chances de guérison
par une injection préventive faite sur le bois,
immédiatement après la taille avec une dose
plus élevée de sulfate mélangée de chaux.

Chaque partie de la composition doit être
dissoute à part, le sulfate dans un vase en
bois, puis on mélange le tout ensemble.

Le savon, dont j'ai parlé plus haut, a pour
effet d'augmenter l'adhérence du liquide sur
les feuilles et de la protéger contre l'action
de la pluie.

Si beaucoup ne réussissent pas, cela vient
de ce qu'ils ne font pas le sulfatage en
temps voulu et avec la composition nécessaire.

Il faut opérer trois fois par un temps
beau et sec, sans cependant qu'il soit trop
chaud, afin que l'eau sulfatée puisse pénétrer dans les feuilles avant son entière
évaporation. Une première fois de bonne
heure, fin de mai, car l'ennemi qui se conserve sur le bois pendant l'hiver reparaît
sur les feuilles dès leur formation, pour se

6

développer plus ou moins, selon le temps;
une deuxième fois avant la fleur, et la
troisième, quand les grappes ont déjà acquis
un certain développement; on peut, si l'on
veut, commencer avec des doses faibles et
les augmenter progressivement.

L'opération se fait avec un instrument
nommé *pulvérisateur*, qui projette le liquide
en forme de pluie fine sur les feuilles. Il
y en a de tous les genres; le plus complet
et le plus parfait de tous est celui de
M. Noël, 104, avenue Parmentier, Paris,
trois jets, 48 fr., du reste il a eu le premier
prix, au concours, à l'Exposition universelle
de 1889; c'est celui-là que je vous recommande de préférence à tous les autres.

CHAPITRE III

PLANTS AMÉRICAINS.

Le Midi a complètement reconstitué, avec des plants américains greffés, ses vignes détruites par le phylloxera ; chez nous, dans le Centre, la destruction va plus lentement, mais elle est malheureusement trop certaine ; nous pouvons et nous devons donc, nous aussi, reconstituer nos vignobles.

On distingue deux sortes de plants américains : les *plants directs* et les *porte-greffes*.

Il y a beaucoup de plants directs que l'on peut cultiver et que l'on cultive dans le Midi, mais les seuls mûrissant bien dans notre région sont l'*othello* et le *noah*.

Les porte greffes sont nombreux, on peut les classer selon les terrains.

Terrains riches et profonds, *Riparia*, *Vialla*, *Taylor*.

Sols calcaires et ferrugineux, *Clinton*.

Terres médiocres, *Solonis* et *York madeira*.

Terres blanches et calcaires, *Rupestris* et *Berlandieri*.

Les *riparia* et les *rupestris* présentent une résistance de premier ordre au phylloxera, il y en a même sur lesquels on ne trouve aucune figure de cet insecte. Ils sont aussi réfractaires au mildiou.

Le *Berlandieri* a été apporté d'Amérique par M. Vialla; c'est dans cette famille que l'on espère trouver des porte-greffes pour les terrains crayeux de France.

Les autres porte-greffes sont des *hybrides*.

L'*York madeira* est un hybride d'*œsticalis* et de *labrusca*, il est bon porte-greffes et très résistant au phylloxera; il se comporte bien dans les sols caillouteux et légers.

Le *Vialla* est un porte-greffe trouvé en France par M. Laliman, qui l'a obtenu en semant un pépin de Clinton, et qui l'a dédié à M. Vialla.

C'est le plus répandu après le *riparia*, il se distingue par une grande réussite au greffage, par une grande facilité d'adaptation à la plupart des sols, excepté ceux qui sont trop marneux ou excessivement calcaires et secs.

C'est de tous les cépages américains celui qui donne les plus belles réussites et les meilleures soudures au greffage en bouture sur table.

Le *Clinton* et le *Taylor* sont tous deux des hybrides de *riparia* et de *labrusca;* ils résistent beaucoup moins au phylloxera que les *riparia* et les autres sujets cités plus haut; cependant ils luttent bien, surtout dans les terrains où ils se plaisent.

Le *Solonis* est un hybride de *riparia* et de *candicans;* il aime les terrains argileux, humides, il y prospère supérieurement, et il n'est pas de doute que cette propriété lui donnera dans l'avenir une place importante dans la grande culture.

Hybridation. — Il est incontestable que la question de la vigne fait des progrès tous les jours.

Depuis longtemps des hommes éminents, MM. Millardet, Ganzin, de Grasset, Gaillard et surtout M. Couderc, travaillent à obtenir, par l'hybridation artificielle, c'est-à-dire par le croisement des vignes américaines entre elles, ou des vignes françaises avec les vignes américaines, des porte-greffes de premier ordre, réfractaires au phylloxera et au mildiou, ou des producteurs directs pour chaque région, donnant un vin semblable à nos crus français et résistant au phylloxera et au mildiou; le temps nous fixera sur ces expériences; mais déjà nous devons à M. Couderc un hybride de *Colombeau* et de *rupestris Martin*, de mère française et de père américain, répandu dans le commerce et connu sous le nom de *Gamay-Couderc*, donnant un vin excellent, fin et très coloré, atteignant l'immunité phylloxérique complète et peu sensible au mildiou.

Greffage des plants américains. — La vigne se greffe comme toutes les autres plantes ligneuses, selon les principes que nous avons émis, mais les deux greffes actuellement admises dans la pratique sont la *greffe en fente* (fig. 8 et 9) et la *greffe anglaise* (fig. 58 et 59).

M. le marquis de Dampierre, président de la Société des Agriculteurs de France, a fait dernièrement au Syndicat de la Charente-Inférieure, dont il est aussi le président, devant de nombreux vignerons charentais et l'élite des grands viticulteurs de la contrée, une conférence sur la reconstitution de son vignoble de Plassac qui se compose de quatre-vingts hectares.

Après avoir dit ses échecs et ses succès, il a conseillé à ses nombreux auditeurs, avec l'autorité de son expérience : la greffe anglaise pour les *greffages sur table* et la greffe en fente sur *place*.

M. Tord, professeur départemental, a appuyé ces conseils et y a ajouté celui de butter les greffes avant l'hiver, pour préserver des gelées le point de soudure.

Greffe en fente sur place. — Cette greffe se fait comme celle du poirier et du pommier; on choisit un greffon de la grosseur du sujet, on coupe ce dernier au-dessus d'un œil, on le fend avec une lame mince, faite exprès, qui coupe plutôt qu'elle ne fend le sujet, on y insère le greffon taillé en biseau (fig. 58 et 59), on ligature avec du raphia, ou bien on enserre la greffe dans un anneau de roseau (fig. 60) qu'on a fait glisser d'abord sur l'œil du sujet et que l'on remonte sur la greffe quand elle est faite, l'opération est plus prompte et offre les mêmes chances de succès.

Cette greffe se fait généralement au niveau du sol. Si les terrains sont argileux et frais, on peut sans inconvénient greffer un peu au-dessus, afin d'éviter l'enracinement du greffon.

Dans les terrains légers et secs il y a avantage à greffer à 5 centimètres en terre, afin que le greffon conserve sa fraîcheur le plus longtemps possible en attendant la sève du sujet.

La greffe faite, on la butte jusqu'à la base de l'œil supérieur qui doit rester découvert.

Le greffon doit être choisi avec soin; on le prend sur le bois moyen, en rebutant rigoureusement tout le petit bois, il ne doit pas être, autant que possible, plus gros que le sujet; s'il est plus petit, on peut encore s'en servir avec succès, il suffira d'établir le contact d'un côté.

Ce greffon a dû être coupé fin de décembre ou janvier, il n'y a pas d'inconvénient à le couper en février, tant que la sève n'est pas mouvement, on l'enterre ensuite dans le sable un peu humide, au nord, le long d'un mur ou sous un hangar; car il ne faut pas oublier qu'il ne doit pas être en sève, il convient de plus qu'il soit sain et en bon état; un greffon qui a souffert en terre d'une trop grande humidité ou d'une trop grande sécheresse et qui a subi le mildiou ne réussit généralement pas.

On lui laisse ordinairement deux yeux, on fait le biseau au-dessous de l'œil du bas (fig. 18). Cependant si la distance entre les nœuds est trop grande, ce qui donnerait trop de hauteur à la greffe, on se contente d'un œil qui suffit pour assurer le succès de la greffe.

Quel âge doit avoir le porte-greffe américain? Deux ans au plus, si votre plant a bien poussé l'année de sa plantation, s'il est suffisamment gros, il y a avantage à le greffer l'année suivante. On a remarqué que les plants jeunes offraient plus de chances de succès que les vieux.

A quelle époque doit se faire la greffe en fente sur place? Du 15 avril au 15 juin dans notre région, mais le mois de mai doit être préféré; il faut une température moyenne de 10 à 12 degrés pour opérer la soudure.

Dans le Midi, la greffe en fente sur place, sur sujets d'un an surtout, réussit dans la proportion de 95 et souvent 98 %, parce qu'ils ont la température voulue. Cependant j'ai vu, l'année dernière, 1889, à Saint-Firmin, près Vendôme, chez un éminent viticulteur, M. Armand Dividis, de splendides greffes de ce genre, réussies dans la proportion de 90 %.

En juillet et août et même plus tôt, sous l'influence de la chaleur et de l'humidité, les greffons émettent des racines, qui prennent vite un développement préjudiciable à celles du porte-greffe, il faut les enlever dès qu'on s'en aperçoit, on reconstitue la butte ensuite.

Il y a pour la greffe en fente un inconvénient qui est bien souvent une cause d'insuccès : La coupe du sujet amène nécessairement un refoulement de la sève qui bien souvent noie la greffe. Il faut donc avoir la précaution de couper le sujet une huitaine de jours à l'avance; la vigne pleure abondamment, on nettoie ensuite la plaie et l'on greffe.

Qu'appelle-t-on *greffe sur table?* C'est la greffe que nous venons d'expliquer faite pendant l'hiver, au coin de son feu, et que l'on met en jauge, dans du sable, jusqu'à l'époque de la mise en place ou en pépinière. Elle réussit parfaitement; mais avec M. le marquis de Dampierre, je vous conseille la greffe anglaise, longue et difficile à faire en place, mais très facile sur table et plus sûre (fig. 8 et 9; voir la manière de la faire au chapitre des greffes).

Cette greffe a une très grande importance dans notre région où la greffe sur place réussit généralement moins bien que dans le Midi, faute de chaleur suffisante. Elle est appelée à rendre les plus grands services, il importe donc d'en bien connaître tous les détails.

Nous savons la manière de traiter le greffon, on le place dans le sable frais au nord, ou sous un hangar, avons-nous dit; le plant américain a été coupé fin décembre, janvier, ou février et placé dans une cave, un cellier, une cuverie, dans du sable ni sec, ni humide; il faut qu'il soit plus en sève que le greffon.

A la fin de février, ou dans les premiers jours de mars, on retire les porte-greffes, on les coupe d'une longueur uniforme, de 27 à

28 centimètres environ, on les lave ainsi que les greffons pour ne pas émousser le tranchant du greffoir.

Il est bon de faire un triage des grosseurs et d'établir plusieurs catégories, car il faut que le porte-greffe et le greffon soient pareils.

La greffe se fait entre deux nœuds, comme la greffe en fente (fig. 58). Quand. les deux esquilles sont entremêlées l'une dans l'autre, on ligature avec du raphia.

Stratification des greffes. — Quand la greffe est faite, on coupe et on fait disparaître les yeux du sujet, qui pousseraient et attireraient la sève au détriment de la greffe dont le succès serait compromis, même celui du bas, sans aucun inconvénient pour l'émission des racines. Ensuite on peut traiter les greffes de trois manières. Les uns les mettent en cave ou dans un cellier, dans du sable frais en attendant l'époque favorable pour les mettre en place, avril-mai.

Les autres choisissent dans leur jardin l'endroit le mieux exposé et le plus abrité, ils y font stratifier leurs greffes dans une terre légère; quand ils les retirent pour les planter à demeure, elles ont déjà formé un bourrelet à la base et émis quelques radicelles, c'est une avance d'un mois.

Il y en a d'autres qui les mettent sous un châssis dans du terreau mélangé de sable, sur une couche de 12 à 15 degrés de chaleur, afin de hâter la stratification. Je puis sur ce point donner mon expérience personnelle. J'ai mis cette année, sous châssis, fin de février, quarante-cinq plants de Clinton, greffés avec du *Portugais bleu* (cépage précoce, grosses grappes donnant d'excellent vin rouge); au moment où j'écris ces lignes, fin d'avril, les sujets ont émis des racines qui varient de 5 à 15 centimètres de longueur. J'ai quarante greffes parfaitement réussies dont les pousses ont de 2 à 5 et 6 centimètres de long; dans quinze jours, trois semaines, elles pourront être mises en place, mais il faudra les traiter avec soin et précaution, pour éviter le dessèchement des greffes et des racines, et les planter le soir par un temps couvert.

J'estime qu'il vaut mieux mettre ces greffes, faites sur table, en pépinière, pour les planter l'année suivante en place, à demeure, parce qu'il est bien plus facile de leur donner les soins qu'elles réclament, et parce qu'on a des vignes beaucoup plus régulières, où il n'y a ni vides, ni manquants.

Il y a aussi la *greffe d'automne* qui se fait dans la dernière quinzaine de septembre avec succès. Dans notre région il y a avantage à la faire plus tôt, dès la fin d'août.

Je vous la recommande beaucoup, surtout dans les années chaudes où le bois est bien aoûté.

La soudure se fait pendant l'automne, l'œil ne pousse pas, mais l'année suivante, au printemps, il prend un essor vigoureux et même donne souvent des raisins.

Cette greffe a un grand avantage sur celle de mai, qui ne peut se faire sans souffrance et sans une grande déperdition de sève du sujet.

Greffe par approche. — Il y a une autre greffe par approche que je tiens à mentionner, parce qu'elle rend de très grands services quand on veut changer un cépage.

On peut aussi s'en servir dans le cas suivant : Lorsqu'une vigne commence à être attaquée par le phylloxera, au lieu d'attendre, pour l'arracher ensuite, mieux vaut dès la première année, défoncer et fumer l'endroit contaminé, planter à côté un sujet américain enraciné, ou si l'on n'en a pas, une bouture pourvue d'une bonne crossette à la base.

Au mois de mars, l'on entaille les deux sujets comme nous l'avons expliqué au chapitre des greffes (fig. 12), puis on ligature.

Le sujet français est coupé au-dessus de la greffe bouture; l'année suivante on arrache le pied français et on ne laisse que le sujet américain qui se trouve greffé.

Si au contraire on veut seulement changer un cépage, on procède avec la bouture française comme avec la bouture américaine, avec cette différence qu'il faut couper le cépage que l'on veut changer *au-dessous* de l'œil terminal de la greffe bouture qui doit remplacer l'espèce dont on ne veut plus (fig. 61).

Si quelques uns de mes lecteurs désiraient de plus amples détails sur les plants américains et leur différent degré de résistance au phylloxera, sur les greffes, la stratification et l'hybridation de ces mêmes plants ; ils pourront consulter avec avantage l'ouvrage de M. Ferdinand Girerd : *Guide pratique pour greffer*, librairie Vitte et Perrussel, Lyon, 1 fr. 75.

CONCLUSION

En septembre 1878, j'allais voir un maître en arboriculture, grand ennemi des quenouilles. Cette année-là il n'avait pas de fruit; son voisin n'avait que des quenouilles dans son jardin, et par une cruelle ironie elles étaient chargées de poires; il y avait là une bizarre condamnation de la nature des systèmes absolus.

Quand j'ai parlé des formes des arbres, j'ai dit mes préférences, mais je n'ai point blamé celles des autres; quand j'ai traité la difficile question de la taille et du pince-ment, j'ai émis des idées et des principes conformes aux lois de la végétation, et donné des conseils qui m'ont paru les meil-leurs, mais je n'ai point condamné la ma-nière d'opérer des autres. Les terrains et les tempéraments des arbres exigent souvent des modifications, chacun se fait son expérience.

Ce Manuel m'a demandé beaucoup de travail, il est le fruit de longues années d'étude de la nature ; mais je n'ai pas la prétention de tout savoir. Si mon livre tombe entre les mains de connaisseurs, de gens du métier, je les prie de vouloir bien me communiquer leurs remarques, leurs observations et même leurs critiques dont je profiterai et ferai profiter le public dans l'intérêt de la science et des progrès de l'arboriculture.

TABLE DES MATIÈRES

PREMIÈRE PARTIE

DEUXIÈME PARTIE

Culture des arbres fruitiers.

Appendice sur la vigne.

Typ. Oberthür, Rennes—Paris (205-90).

Fig. 1

Fig. 2

Fig. 3

Fig. 4

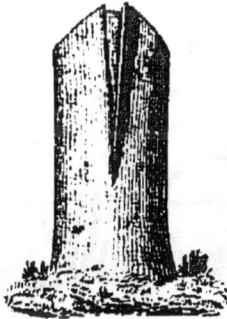

Fig. 5

Fig. 6

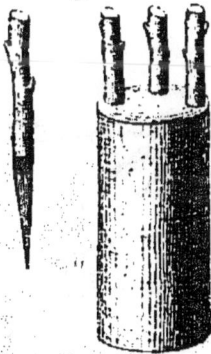

Fig. 7

Fig. 8

Fig. 9

J. Fouché.

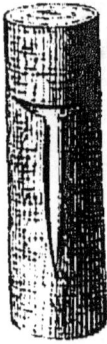

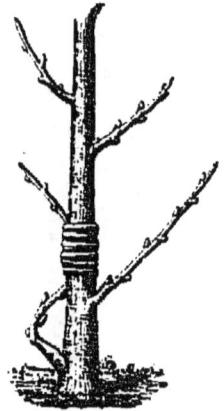

Fig. 10   *Fig. 11*   *Fig. 12*   *Fig. 13*

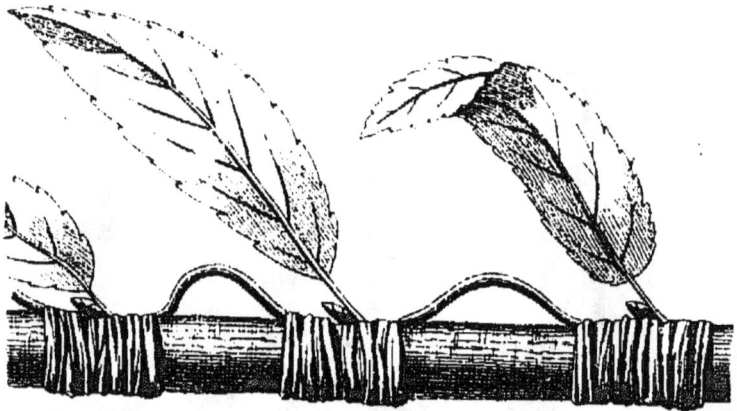

Fig. 14

Fig. 15

J. Fouché.

PL. 3

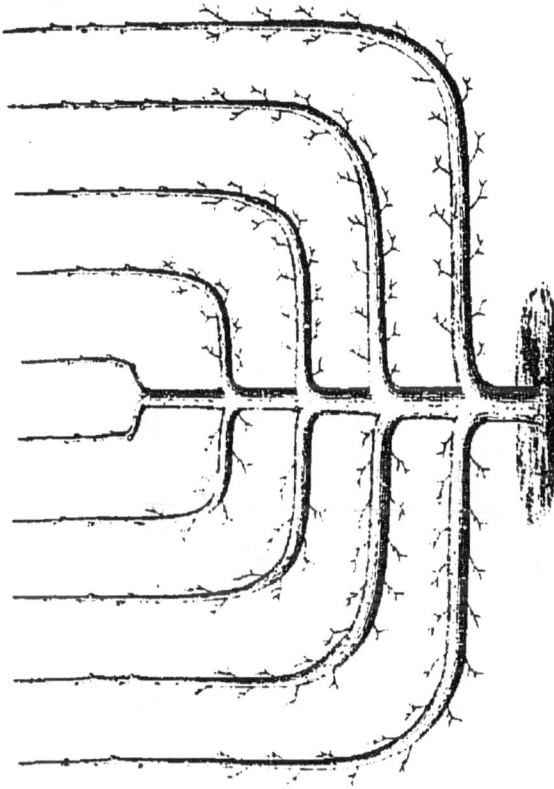

Palmette Verdier

Fig.17

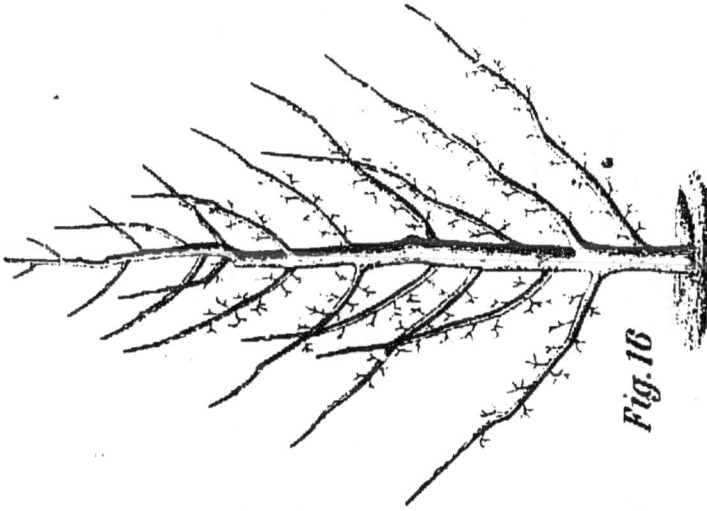

Pyramide

Fig.16

PL. 4

Palmette simple

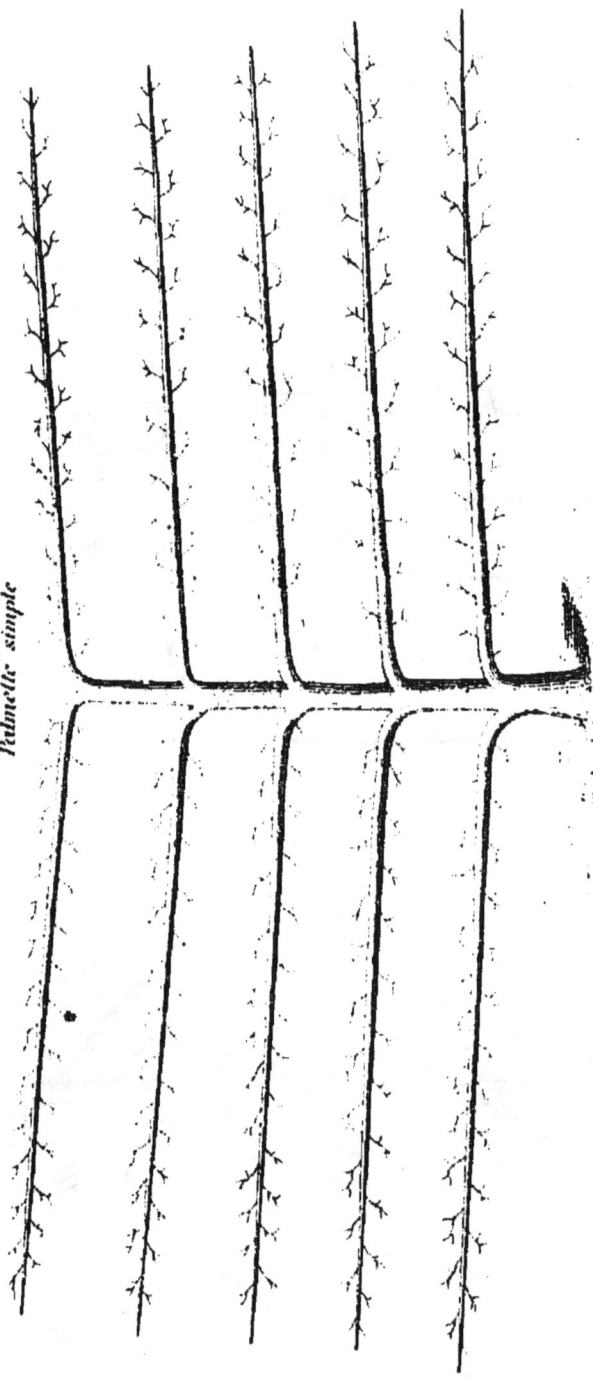

Fig. 18

J.Fouché.

Pl. 5

Palmette double

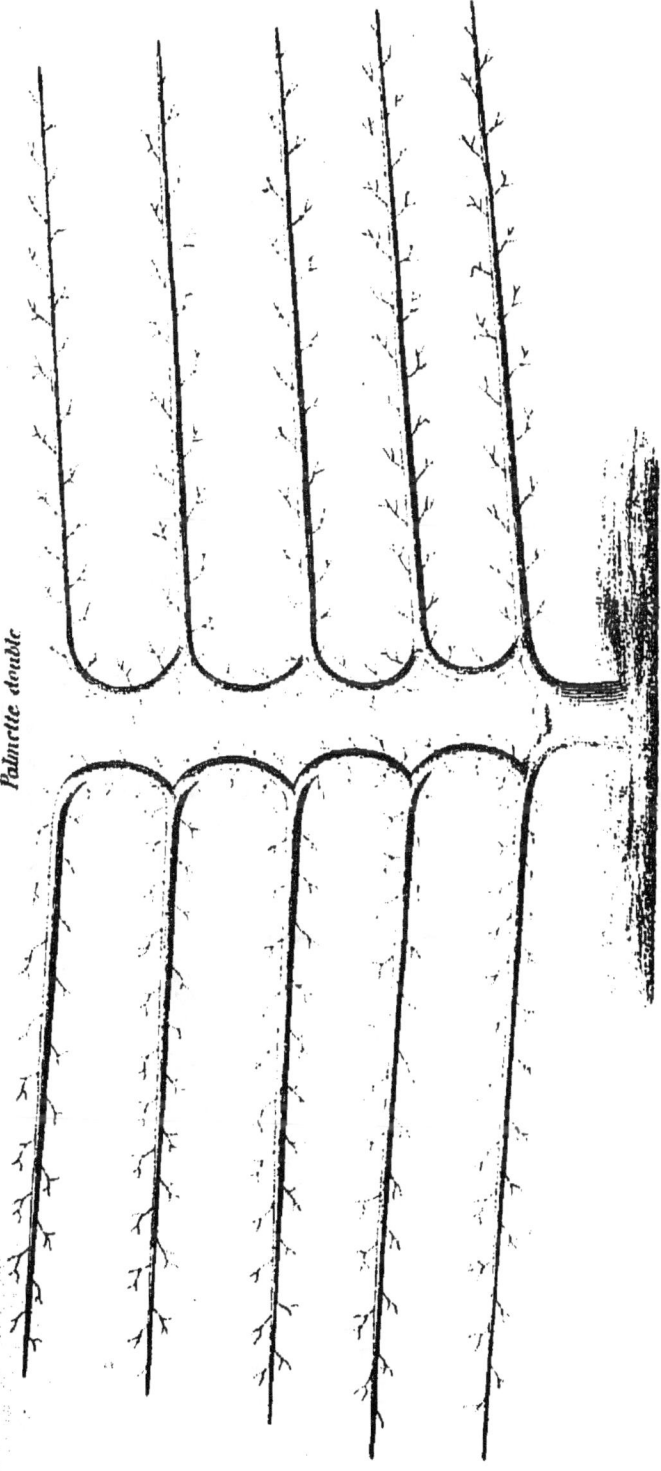

Fig. 19

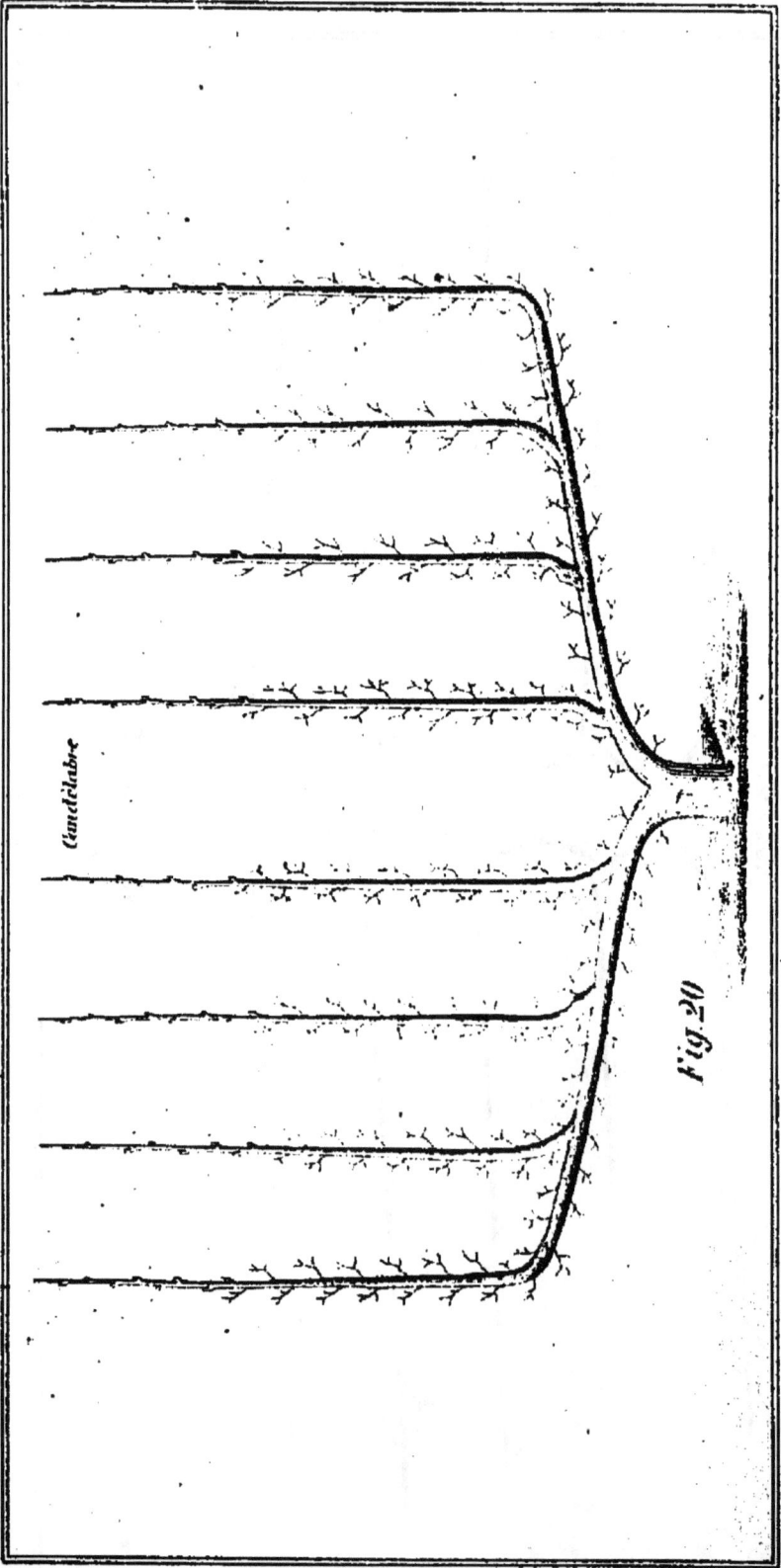

PL.6

Candelabre

Fig.20

J.Fouché.

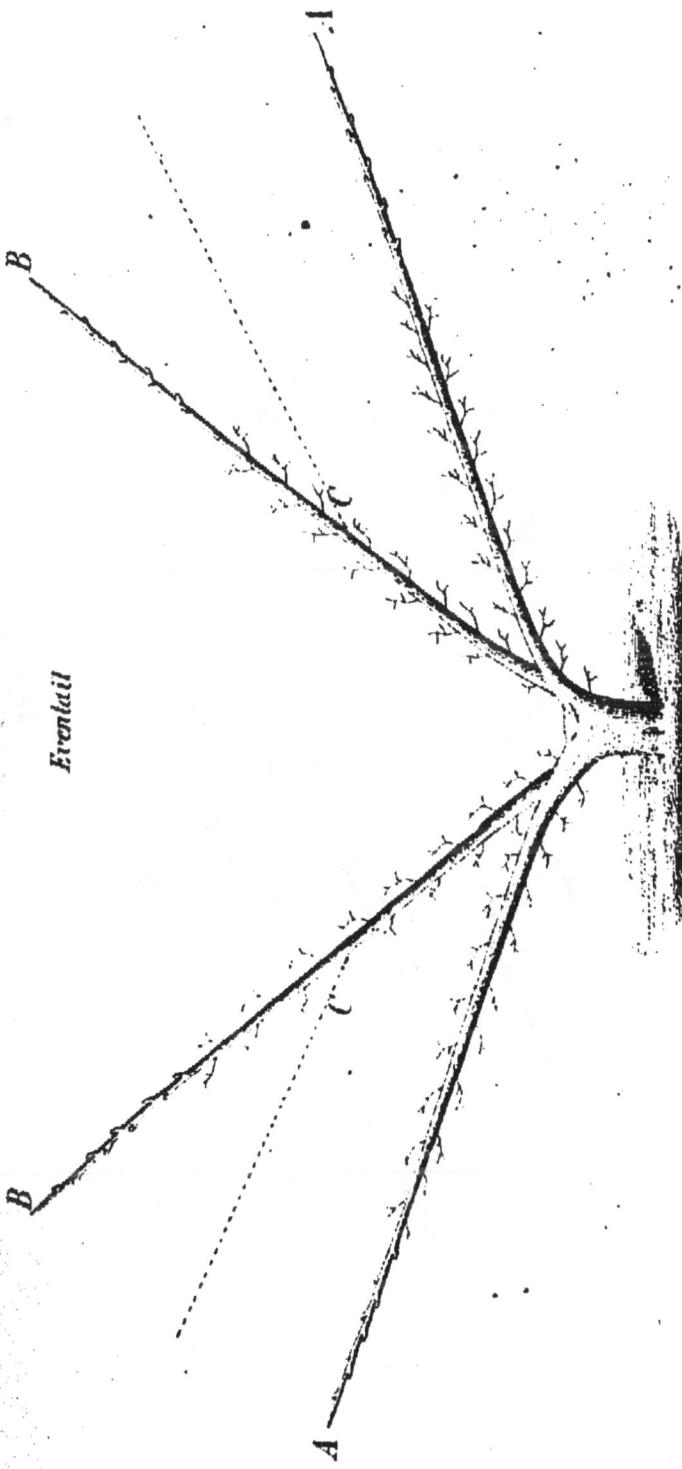

Eventail

Fig. 21

A

B

C

B

C

A

PL. 8

Palmette simple à branches obliques

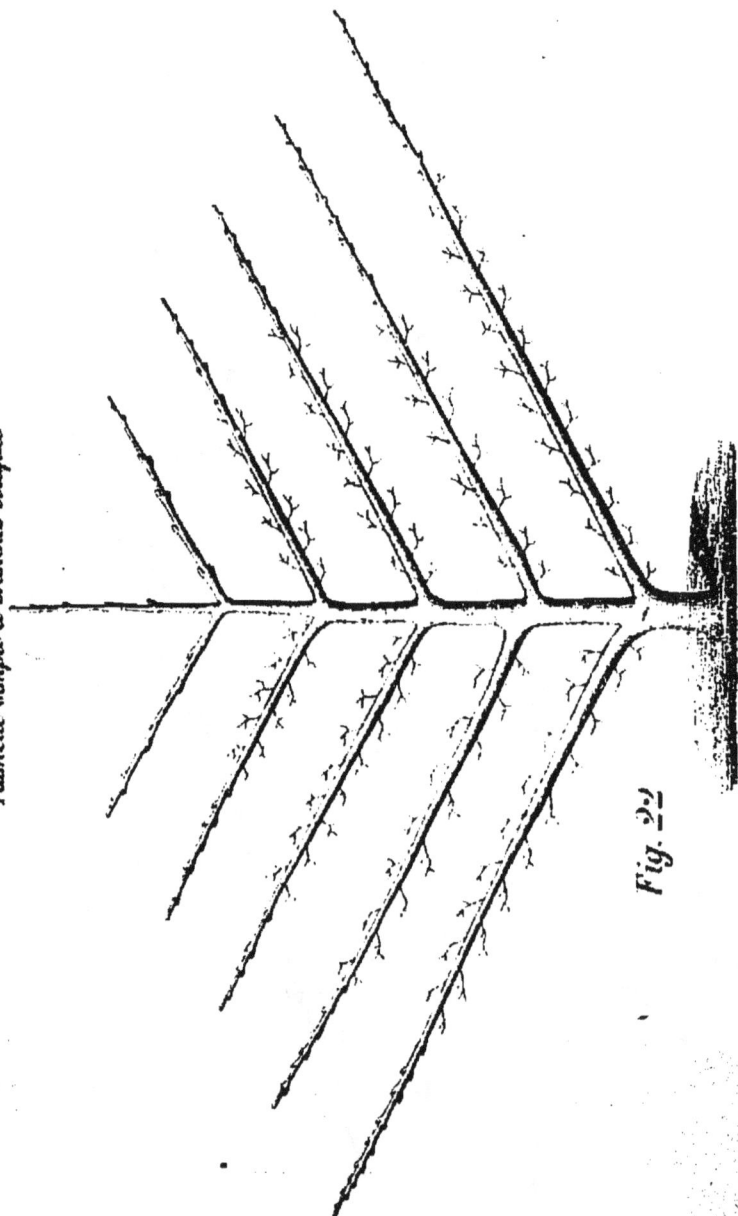

Fig. 22

J.Fouché

Palmettes en U simple.

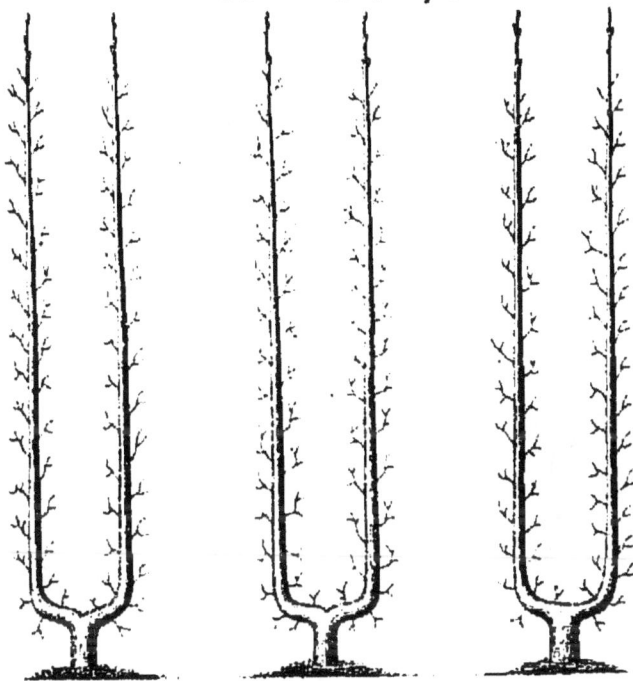

Fig. 23

Palmette en U à 3 branches.   *Palmette en U double.*

Fig. 24   Fig. 25

Palmette à 5 branches verticales

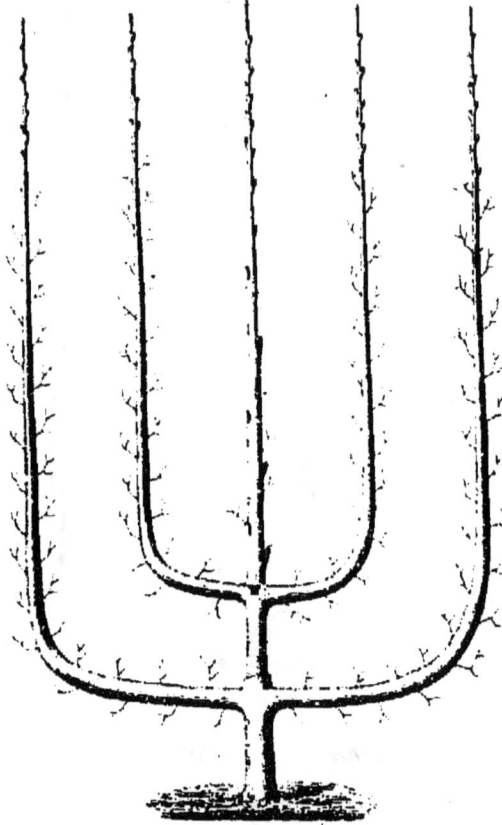

Fig. 26

Cordons verticaux

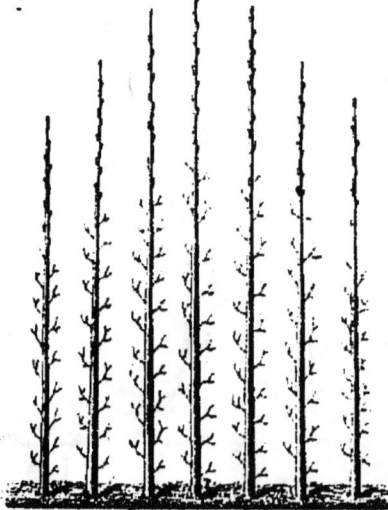

Fig. 27

J. Fouché.

Cordons obliques

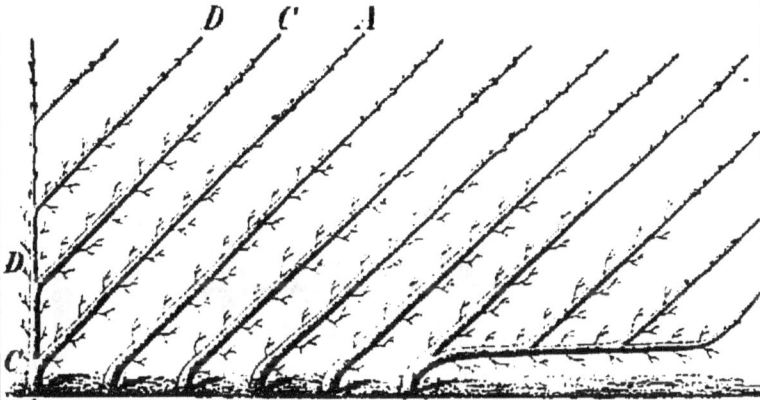

Fig. 28

Cordons horizontaux

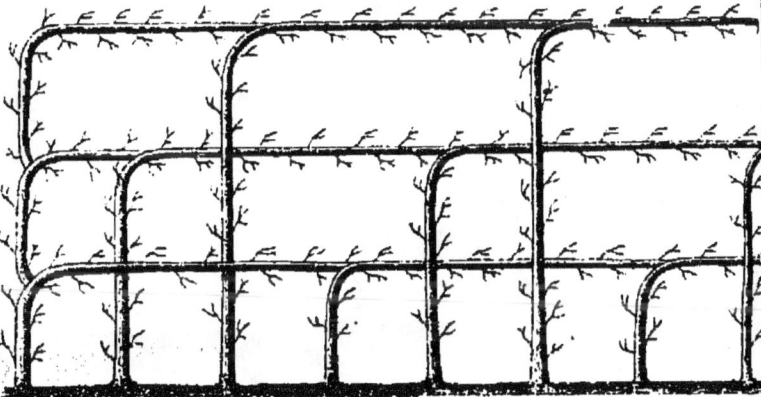

Fig. 29

J. Fouché

PL. 12

Formation de la Palmette Verrier

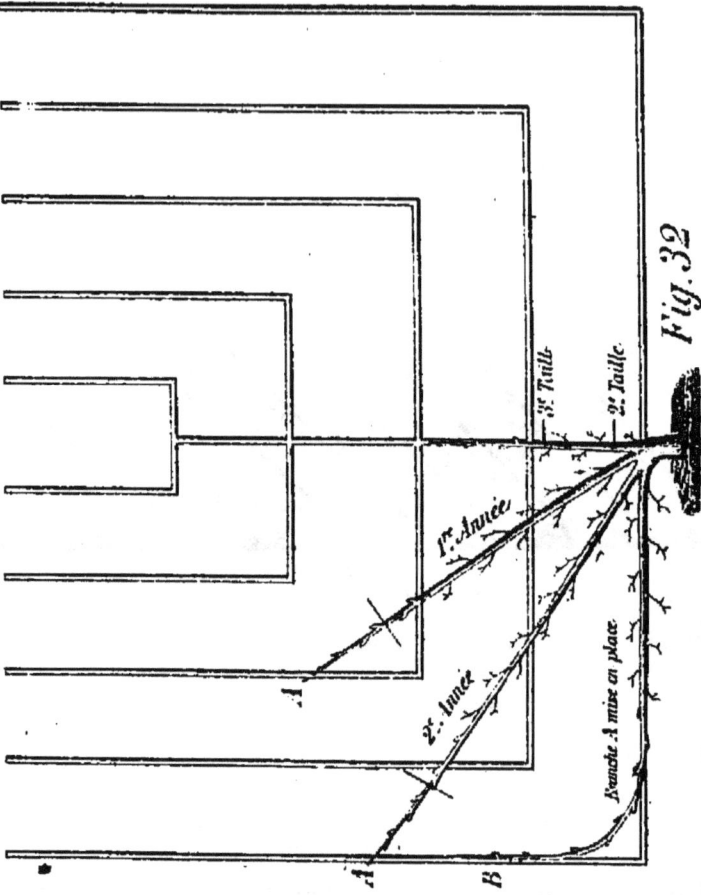

Fig. 32

J.Fouché.

3.ᵉ Taille.
2.ᵉ Taille.

1.ʳᵉ Année.

2.ᵉ Année.

A

A

B

Branche A mise en place.

Fig. 30

Manière de rétablir l'équilibre

c

d

Fig. 31

Équilibre à l'aide d'entailles

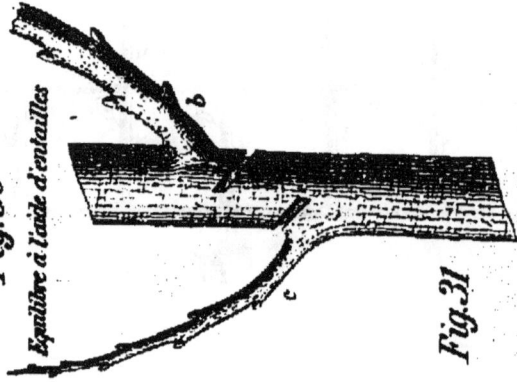

b

c

PL. 13

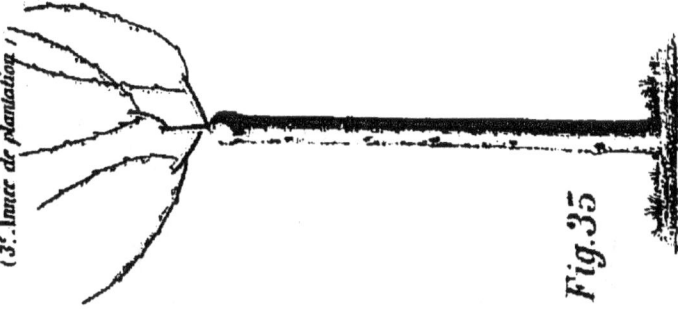

Poirier à plein vent
(3ᵉ. Année de plantation.)

Fig. 35

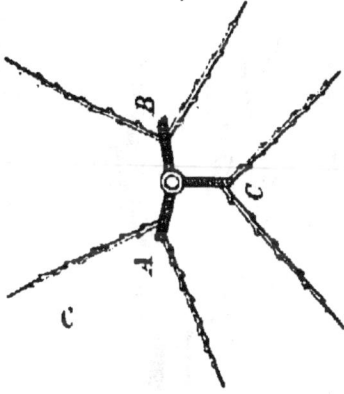

Plan par terre
(2ᵉ et 3ᵉ Année.)

B

A

C

C

Fig. 34

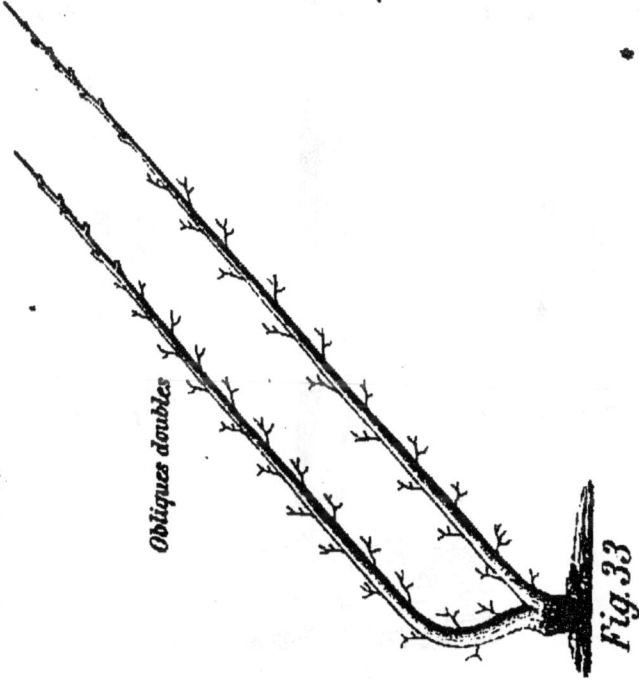

Obliques doubles

Fig. 33

Poirier en plein vent
(4.ᵉ Année)

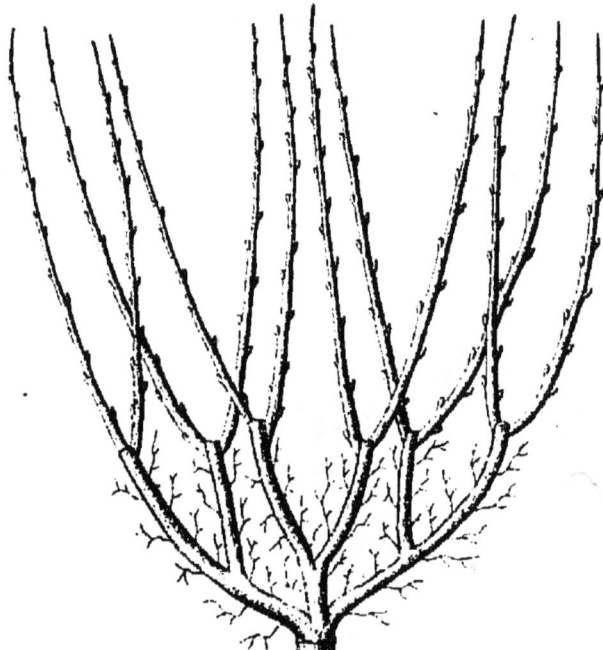

Œil bien coupé

Fig. 37

Mauvaise coupe

Fig. 38

Fig. 36

J. Fouché.

Taille sur un œil en dessous

Fig. 39

Taille sur un œil en dessus

Fig. 40

Bourgeon anticipé

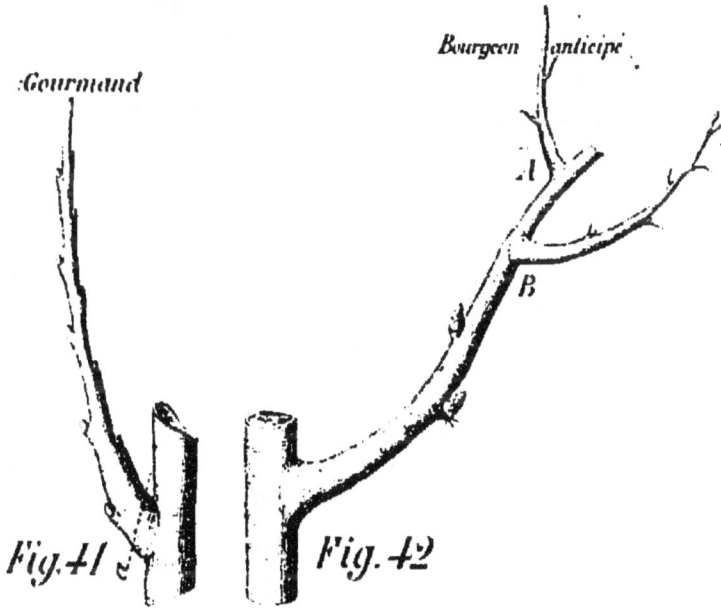

Gourmand

A

B

Fig. 41

Fig. 42

C

r

Bourse de Poirier

Fig. 43

J. Fouché

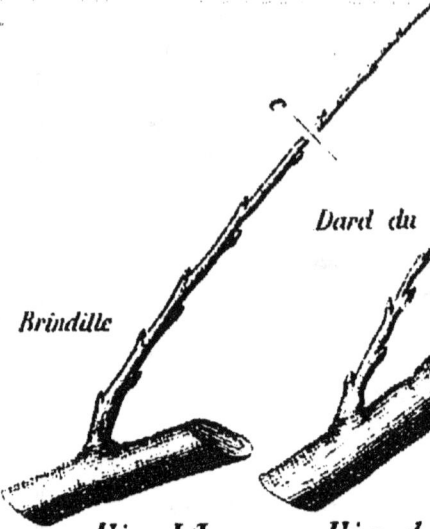

Brindille

Dard du Poirier

Lambourde à un bouton.

Fig. 44

Fig. 45

Fig. 46

Lambourde à plusieurs boutons

Boutons à fruits

Cassement d'un rameau faible à 3 yeux.

Fig. 47

Fig. 48

Fig. 49

Cassement d'un rameau vigueur moyenne

Cassement d'un rameau vigoureux

Fig. 50

Fig. 51

J. Fouché.

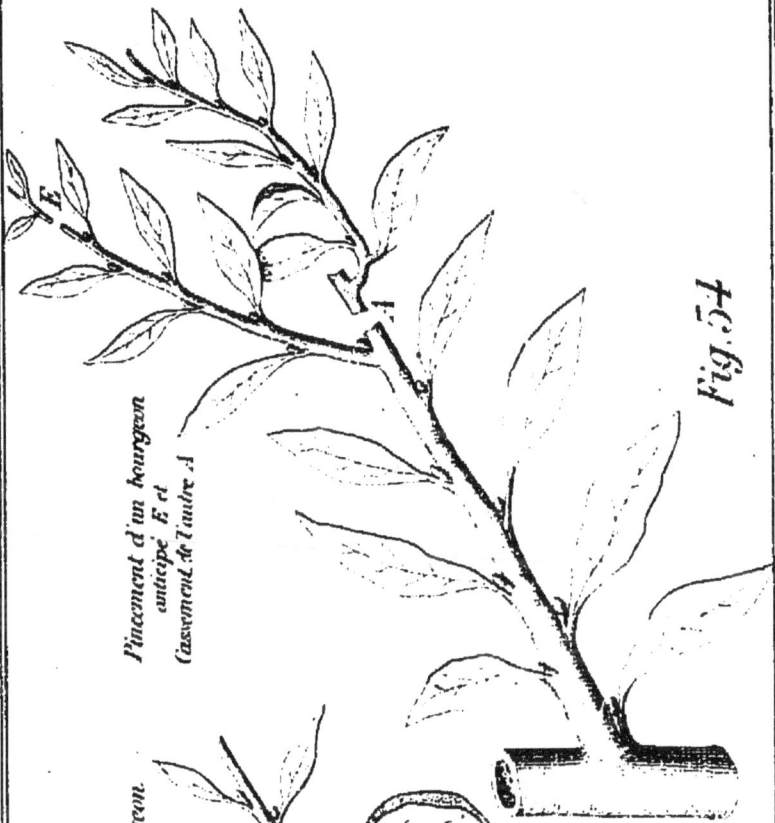

Pincement d'un bourgeon
anticipé E et
Cassement de l'autre A

Fig. 54.

Pincement d'un bourgeon.

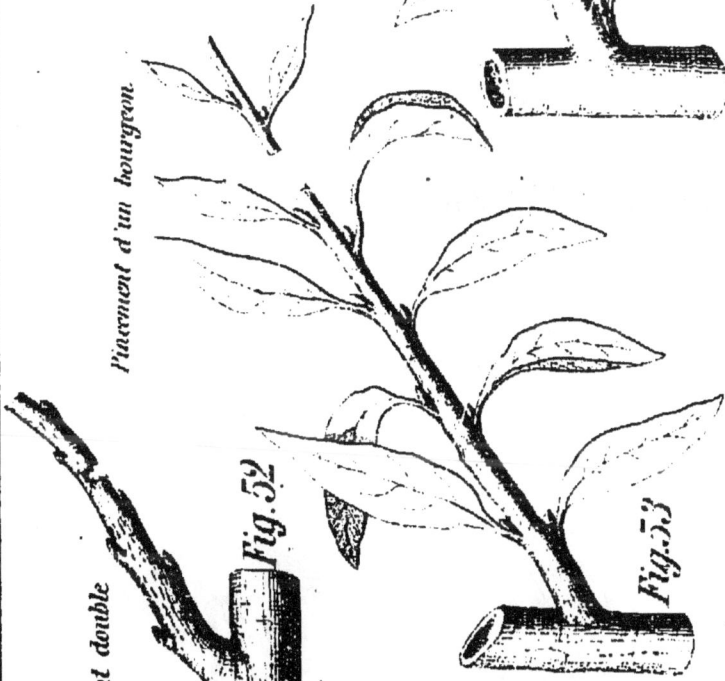

Fig. 53.

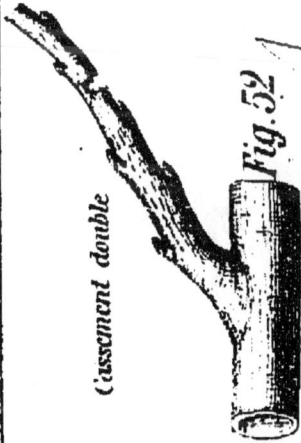

Cassement double

Fig. 52.

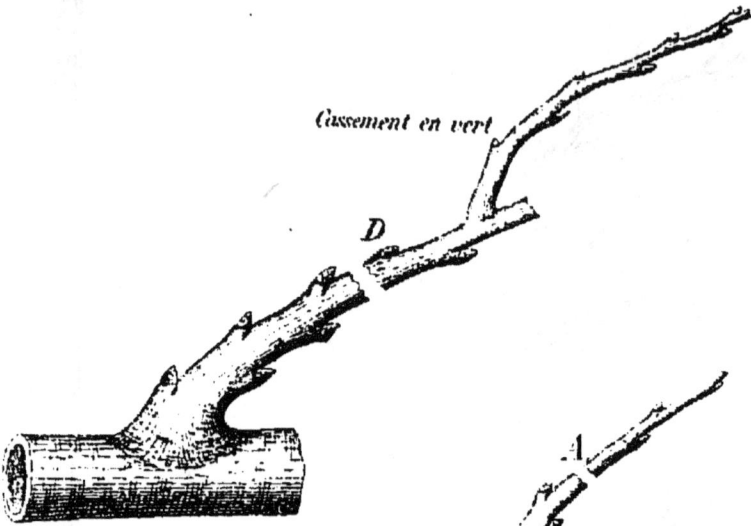

Cassement en vert

D

Fig. 55

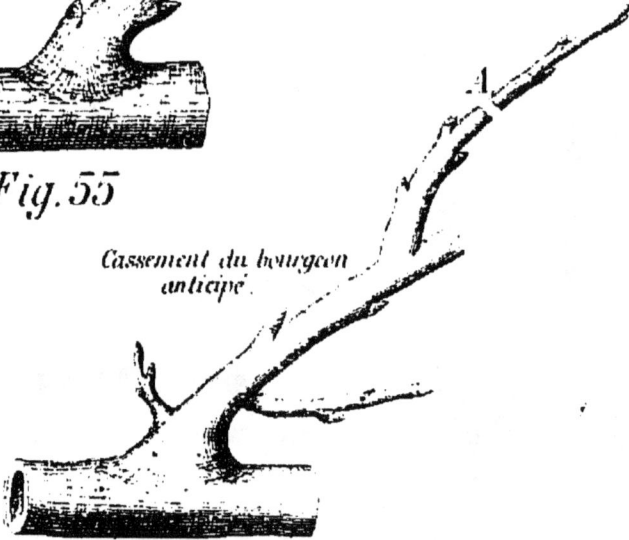

Cassement du bourgeon
anticipé

Fig. 56

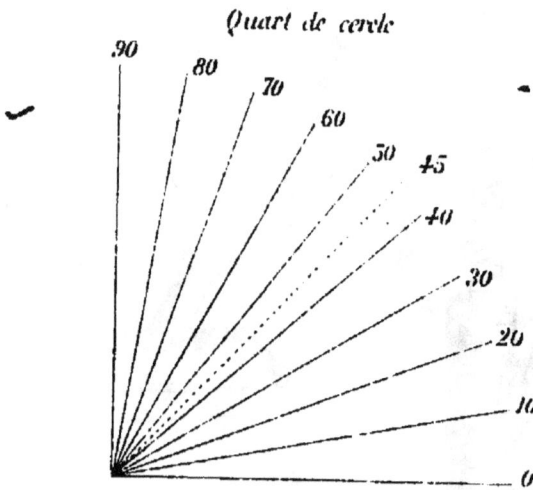

Quart de cercle

90 80 70 60 50 45 40 30 20 10 0

Fig. 57

J. Fouché.

Greffe de vigne en fente.

Anneau de roseau.

Fig. 60

Greffon.

Fig. 59

Fig. 58

Greffe en approche en terre.

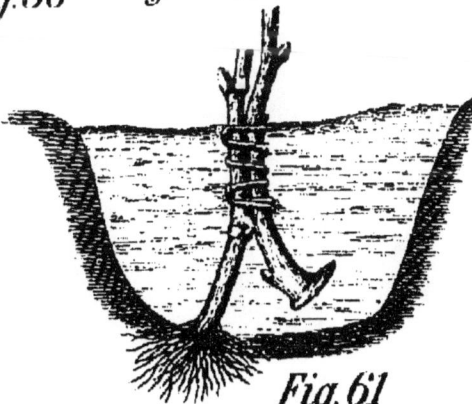

Fig. 61

www.ingramcontent.com/pod-product-compliance
Lightning Source LLC
Chambersburg PA
CBHW071843200326

41519CB00016B/4216